MÉMOIRE

SUR

LA CULTURE DE LA VIGNE

ET LA VINIFICATION.

MÉMOIRE

SUR

LA CULTURE DE LA VIGNE

ET

LA VINIFICATION,

COURONNÉ PAR L'ACADÉMIE D'AIX,

QUI AVAIT MIS AU CONCOURS LA QUESTION SUIVANTE :

« Quels seraient les moyens d'améliorer les Vins du département des
« Bouches-du-Rhône, soit sous le rapport de la culture de la
« vigne, soit sous le rapport de la fermentation vineuse, soit sous
« le rapport des soins à donner au vin dans les caves ? »

PAR Mr GROS LE-JEUNE.

Vina probantur odore, sapore, nitore, colore.

MARSEILLE,

TYPOGRAPHIE DE FEISSAT AINÉ, IMPRIMEUR DE LA PRÉFECTURE,

RUE DE LA CANEBIÈRE, n° 19.

1829.

INTRODUCTION.

Dans un pays montagneux et chaud comme se présente la Provence, il était naturel que la culture de la vigne y obtint une préférence prononcée sur celle des blés, quoique ceux-ci soient d'une plus grande nécessité.

Dès les premiers âges, où les communications entre les peuples étaient peu usitées, chacun d'eux a dû chercher à se donner toutes les ressources nécessaires à l'existence de l'homme; c'est pourquoi la culture des céréales est à peu près répandue sur tous les points.

Cependant, aujourd'hui que les communications sont un besoin mieux senti des nations, qu'elles sont devenues si faciles dans les états civilisés, par la diminution des entraves dont on les affranchit chaque jour, et par les progrès de l'industrie, on est sûr de trouver partout toutes les denrées nécessaires à la vie, contre de l'argent ou quelque marchandise équivalente, en compensant les avantages que chacun cherche dans tout marché, c'est-à-dire, de donner moins pour recevoir plus, ou de satisfaire quelque besoin.

Aussi chaque contrée devrait adopter exclusivement le genre de culture qui lui est propre, et dont elle obtient le produit à plus bas prix que tout autre, parce qu'elle doit être sûre de trouver alors dans un échange avantageux pour elle ce que la nature lui a refusé.

La Provence doit être assurée de ne jamais manquer de grains, que quantités de provinces s'empresseront toujours de lui fournir à plus bas prix qu'elle ne peut le produire elle-même :

1° Par la cherté de sa main-d'œuvre en agriculture;

2° Par le peu d'engrais qu'elle a, en

l'absence de bestiaux qu'elle ne peut nourrir faute de fourrage;

3° Par les obstacles puissans qui s'opposeront pour toujours, peut-être, à voir son sol arrosé par des canaux fertilisans que sa position topographique s'est refusée à lui donner jusqu'ici, au-delà de ceux qu'elle possède, malgré tous les efforts tentés.

La Provence enfin devrait n'affecter à la culture des grains que les seules plaines propres à ce produit, et livrer exclusivement à la plantation des arbres tels que oliviers, amandiers, mûriers, vignes, pins, chênes, châtaigniers, etc., toutes les collines et coteaux qui la couvrent. Elle trouverait dans ce mode de procéder une source de richesses qui lui est inconnue. Car, un des plus grands vices de l'agriculture en Provence est de vouloir, sur le même point, produire de tout. N'importe de quelle nature soit notre terrain, nous y voulons des grains surtout, des légumes, des oliviers, amandiers, mûriers, vignes, etc., et bien souvent le tout pêle-mêle. Il faut que notre sol soit fertile comme il est, pour donner encore quelque résultat dans cette confusion.

Tandis que le premier soin d'un agriculteur doit être de connaître la nature de son terrain, savoir s'il est argileux, sablonneux, ou calcaire, il doit calculer sa position et ses alentours pour, sur ces diverses considérations, y affecter tel genre de culture qui lui produira 10, 20, 30 pour cent de plus que s'il l'avait appliqué à tout autre, ou s'il y avait mis de tout un peu, comme il est d'ordinaire ici.

Tant que le propriétaire provençal ne se pénétrera pas de cette base fondamentale, de choisir la culture qui convient de préférence au sol qu'il est appelé à exploiter, qu'il ne s'attachera pas plutôt à la plantation qu'aux céréales, il n'aura pas à cœur ses vrais intérêts; car il est bien démontré que malgré le bas prix des vins, celui des huiles et des amandes, cette culture, comme celle des mûriers, lui rendra toujours plus que celle des blés, à cause des plus grands frais d'exploitation et des engrais que ces derniers exigent de plus que les plantations précitées.

Mais pour cultiver encore avec succès notre champ, il faut aussi nous initier, autant que possible, aux connaissances préalablement nécessaires à cette science; il faut introduire parmi nous, les procédés et les instrumens aratoires perfectionnés de nos jours; il faut enfin marcher dans cette voie avec le siècle; avec ce siècle où l'agriculture s'avance vers nous entourée de nouvelles méthodes, de nouveaux instrumens qui enrichissent les contrées du Nord et du centre de la France; avec ce siècle où l'industrie marche à pas de géant dans la voie des améliorations, dans cette voie semée de trésors ouverts à ses élèves persévérans et où Marseille puise déjà si largement; avec un siècle enfin où, à l'aide de ces améliorations, la France est parvenue à payer annuellement (non sans beaucoup d'efforts, il est vrai) près d'un milliard de contributions; résultat irrécusable de ses ressources agricoles et industrielles que quinze ans de paix lui laissent exploiter avec quelque liberté.

Tâchons donc pour nous aider à supporter ce fardeau, comme pour nous donner quelque aisance, d'accroître nos revenus par toutes les voies honorables que le travail présente dans ses ressources inépuisables.

Nous avons en Provence beaucoup d'élémens de richesse, qu'il ne s'agit que d'exploiter ; parmi ceux-ci, l'une des branches les plus intéressantes est sans contredit celle des vins, premier produit de notre sol, que les efforts de l'industrie peuvent doubler sans peine, avec le temps et la seule volonté de le faire, j'en suis bien convaincu ; ayons en donc la ferme résolution, et nous y parviendrons bientôt.

Détournons de l'ornière profonde où elle se traîne péniblement encore cette antique et aveugle routine, compagne de la misère et de ses fléaux ; tendons à la décrépitude de cette infortunée que le repentir paraît pénétrer, une main charitable et bienfaisante, puisqu'elle implore aujourd'hui notre secours ; déchirons le bandeau funeste qui l'a voilée jusqu'ici ; et qu'elle lègue à ses neveux ce bel héritage des lumières vivifiantes dont elle n'a pû jouir elle-même, mais qu'elle ne sait pas moins apprécier aujourd'hui par l'évidence dont on parvient à la convaincre.

Fesons en sorte que la Provence, qu'un génie naturel à ses enfans devrait placer en première ligne, reprenne le rang qu'elle doit occuper, et que si quelque nouveau peintre est appelé un jour à en faire le tableau, il trempe ses pinceaux dans une teinte moins rembrunie, que le dernier écrivain qui ne nous a pas vus couleur de rose.

Cependant, s'il ne s'agissait que d'établir sa gloire sur les grands hommes qu'elle a produits en tout genre, depuis long-temps on ne pourrait la lui contester ; car ce génie qui semble n'avoir été que le partage de quelques êtres privilégiés, se montrerait plus ou moins grand dans presque tous les membres de sa population, si l'instruction plus répandue (c'est ce qui manque il est vrai) en avait développé le germe particulier à son essence, mais qui reste enseveli, ignoré, faute de matières fécondantes.

Secouons donc toute indolence, toute paresse ; ayons cette noble émulation, cette louable ambition qui, sans sortir de la modération que commandent les sages principes de la prudence, procurent le bien être de la vie. Soutenons ce désir de nous instruire qui se manifeste de plus en plus parmi nous ; et le temps n'est pas éloigné où nous pourrons occuper une des places les plus distinguées parmi les membres de la grande famille.

Dès les temps les plus reculés, les vins ont compté en Provence pour un de ses principaux produits ; mais ce produit s'est surtout sensiblement accru depuis 40 à 50 ans que ce que l'on appelle les chays de vin ont pris à Marseille un si grand développement par les connaissances qui s'y sont introduites pour la manutention de ces précieux liquides. Il résulte de ces connaissances que, si autrefois on tremblait d'expédier en Amérique beaucoup de vins qu'on craignait de voir se gâter, comme il arrivait très-souvent, il en est peu aujourd'hui, ayant passé dans ces laboratoires, qu'on ne puisse expédier hardiment, sans aucune crainte, sur tous les points du globe (1).

C'est une vraie conquête pour l'industrie marseillaise, et dont la propriété rurale se trouve très-bien aussi, car ce commerce y est devenu d'une grande importance pour le débouché considérable de ce produit. Mais cela ne suffit pas encore, nous pouvons mieux faire en tous points; et pour augmenter de beaucoup sa valeur, il faut d'abord que le propriétaire vignicole s'y prète le premier et que l'industrie fasse le reste. Il n'en coûtera presque rien de plus aux propriétaires, qui pourront cependant par ce moyen plus que doubler leur revenu.

Il ne s'agit pas seulement en effet de produire beaucoup, il faut surtout produire bon et à bas prix pour soutenir avantageu-

---

(1) Nous rappellerons ici avec plaisir que c'est à M. Bergasse, le premier, que Marseille doit le plus de ses connaissances dans la manutention des vins. Ce négociant estimable avait apporté cette industrie du Beaujolais, dont il était, je crois, originaire.

sement la concurrence avec ses rivaux et attirer chez soi de préférence les consommateurs étrangers. Il faut donc que l'agriculture recoure à l'industrie et au commerce pour atteindre ce but.

Aussi, commence-t-on de nos jours à ne plus voir l'agriculture seule attirer toute l'attention, on la partage volontiers avec l'industrie, qui le mérite bien à plus d'un titre.

On ne peut disconvenir, en effet, que si l'agriculture est la première science, la science la plus utile, l'industrie et le commerce n'en soient aussi les premiers auxiliaires, les soutiens les plus puissans, je dirai même indispensables (1).

N'est-ce pas eux, en effet, qui concourent le plus à l'accroissement de la richesse publique, au perfectionnement nécessaire

---

(1) Presque toutes les productions de la nature, appliquées aux besoins de l'homme, éprouvent par ses soins, des préparations, des modifications qui les lui rendent plus agréables, plus utiles, après être sorties de leur état primitif; c'est ce qui constitue l'industrie.

de l'état social? Ne tendent-ils pas à métamorphoser, améliorer et exporter le superflu de ses produits languissans sans emploi entre les mains du propriétaire occupé seulement du soin de faire produire? Il ne suffit pas toujours en production d'avoir beaucoup; je le soutiens, puisque souvent au milieu de l'abondance de ses denrées, le propriétaire éprouve de la gêne par le défaut de leur écoulement; ce qui le décourage de ses travaux au lieu de s'en trouver récompensé.

« *L'abondance est la ruine du cultivateur* » a dit un célèbre agronome, l'abbé Rosier; cette assertion qui, dans l'état actuel de nos connaissances surtout, paraît un paradoxe outré, n'est pourtant que trop vraie, si le commerce ne débouche pas la surabondance de la production. Il faut donc savoir gré au commerce et à l'industrie de leurs efforts pour élaborer les produits du sol et en chercher les débouchés les plus avantageux, en échange des denrées qui nous manquent ou du numéraire qui les représente, étant lui-même une marchandise d'un cours universel. En effet, c'est par ce concours mutuel de peines, de soins, d'activité et de zèle profitable à chacun, que les ressources s'augmentent, que l'aisance se répand dans toutes les classes, que la prospérité publique s'accroît. De là le bonheur d'une population entière, la richesse, la force des états.

Avec un peu de réflexion, on se persuadera donc aisément de cette grande vérité : qu'en Provence nous avons pour nos vins tout ce qu'il faut pour parvenir à faire mieux. Qu'on se rappelle d'abord que son climat est de tous les pays d'Europe, après l'Espagne et l'Italie, celui qui se rapproche le plus de l'Asie, d'où nous est venue la vigne que les Phéniciens nous ont fait connaître en Europe ; que c'est par conséquent ici où elle se plaît le mieux ; que la vigne, sous notre ciel, vient bien partout, à toutes les expositions, sans le moindre soin ; que c'est ici où les raisins ont le meilleur goût et fournissent le plus de principes résineux, d'arome, de muqueux sucré, toutes substances qui font la base des bons vins ; que si dans le Bordelais, la Bourgogne et la Champagne, on fait du bon vin, malgré la froideur de la température, comparée à la nôtre, malgré les pluies et l'humidité qui y règnent si souvent, ce n'est qu'au travail et aux grands soins qu'on doit ces avantages. Il est à remarquer toutefois que pendant les années pluvieuses leur vin y est bien inférieur à celui produit dans les années de sécheresse; avantages tellement précieux que, sans parler des crus les plus favorisés de ces pays, où l'hectolitre de vin représente une valeur qui s'étend depuis 400 fr. jusqu'au-dessus de 1000 francs, je mettrai seulement en parallèle avec les nôtres la majorité de leur provenance, qu'on peut estimer les uns dans les autres, année commune, au *minimum* de 40 à 50 francs; tandis que les vins les plus estimés de la Provence, n'y peuvent obtenir plus de 100 à 150 francs, et ses vins ordinaires de 5 à 20 francs!

Or, si sous notre beau ciel, notre climat brûlant, avec nos belles expositions et en comparant un sol de même nature, nous n'obtenons que des résultats si opposés, à quoi devons-nous l'attribuer ? si ce n'est au défaut de soins, de travail et d'attention ; c'est ce qui frappe les esprits les moins observateurs.

Ainsi, bien convaincus de cette vérité, prenons tant soit peu plus de peine, ayons quelques attentions, donnons au moins nos soins à la culture de la vigne et à la confection de ses produits pour obtenir les mêmes résultats, si nous ne les surpassons pas. N'ayons pas la sotte prétention d'imiter les vins de Bordeaux, de Champagne, ou de Bourgogne ; fesons nos vins comme il faut, et tels qu'ils seront ils auront des qualités particulières à notre pays qui égaleront peut être les qualités les plus estimées et seront tout autant appréciés.

Car il doit être à la connaissance de bien des personnes que certains propriétaires soigneux en Provence obtiennent de très-bons vins, des vins qui deviennent tellement exquis en vieillissant, qu'ils les font passer pour des vins étrangers fameux, parce qu'on ne saurait contester leur mérite. Ce sont des vins, en effet, qui revêtus d'une robe étrangère, décorés de quelque nom sonore, enfin, pour détruire toute prévention funeste, ou plutôt pour en donner une favorable, se vendraient à haut prix même à des connaisseurs de vin.

Et cependant ces propriétaires ne dépensent pour cela que quelques soins de plus ; il en serait bien autrement encore s'ils avaient toutes les attentions que commande cette partie à dater de la plantation de la vigne, du choix du terrain, de celui des plants, de leur culture, de la vendange et de tout ce qui s'en suit.

Je vois ce résultat tellement important que je me suis occupé à en faire un tableau comparatif qui ne sera pas déplacé ici ; quoique je sois loin d'en attester l'exactitude, on pourra toujours se faire une idée du résultat possible de ces améliorations.

Sans vouloir évaluer, même approximativement la quantité de vins qui se récolte en Provence, n'ayant ni les documens, ni le loisir de me livrer aux investigations minutieuses que ce travail important exigerait, je n'ai pas cru l'exagérer en l'établissant comme je l'ai fait; le regardant plutôt en-dessous qu'en-dessus de la vérité.

Or, par les améliorations que j'indique et que je suppose parvenues au point désirable, je ne prétends pas à une augmentation de quantité; au contraire, laissant la même surface de terrain affectée à cette culture, j'y suppose une réduction sur la quantité actuelle, soit par l'extraction des raisins gâtés qu'il faut rejeter, soit par une moindre production, effet de plus de réserve dans l'emploi des engrais, ce que j'estime à 20 pour cent.

Je porte aussi en ligne de compte ce qu'il faut à peu près pour les frais d'exploitation et les soins qu'exigeront de plus, sur les frais ordinaires, les méthodes que je recommande; mais j'y trouve un ample dédommagement, d'une part, sur les vins qui ne se gâteront plus, étant bien faits, ce serait presque impossible, à moins de le vouloir; et de l'autre, sur le prix plus élevé que vaudront des vins fins et parfaits; quoique je ne les prise pas autant que les Bordeaux ou autres vins fins de ce genre, mais que j'établis à un prix bien modéré, pour des vins tels qu'ils devront être, sans renoncer toutefois à l'espoir de les voir un jour égaler et peut-être même surpasser ceux que nous envions aujourd'hui.

TABLEAU COMPARATIF

Entre le produit d'un vignoble cultivé et récolté comme on le fait ordinairement en Provence avec celui qu'on peut en obtenir par les améliorations indiquées.

PRODUIT SUPPOSÉ RÉCOLTÉ ORDINAIREMENT DANS CE VIGNOBLE.

100 hectolitres de vin, qu'on vend l'année de leur récolte au prix de 12 francs, ... 1,200f

(Il est à remarquer que ce prix moyen est déjà un prix avantageux). Or, au lieu de vendre ce vin de suite, engageons le propriétaire à le garder pendant 5 ans; ce ne sera pour lui que l'avance d'un capital; voici ce qu'il devra y ajouter: intérêt à 6 p. % l'an sur ces 1,200 fr., ce qui avec l'intérêt des intérêts fait, au bout de 5 ans, un total de 34 p. %, soit......... 408f

Deux soutirages par an, à 25 c. l'hectolitre, soit 50 c. par an, en décroissant, pour la quantité à soutirer, réduite chaque année d'après le détail ci-dessous...................... 170f

Frais extraordinaires pour plus de soins à la vendange, triage des gâtés, au-delà des frais

A Reporter...... 1,778f

Report...... 1,778f

ordinaires à cette récolte, pour compter largement 80f — avec l'intérêt.................. 100f

Intérêt du capital des tonneaux pendant 5 ans et autres menus frais pour faire une somme ronde.................................. 122f

Voilà le revient.... 2,000f

Voici le produit :

Au lieu de produire 100 hectolitres de vin, je suppose que le même vignoble, avec moins d'engrais, comme je le recommande, et après en avoir extrait, à la vendange, les raisins gâtés, ne nous donnera plus que.................................. 80 hect. » l.
qui feront les déchets ci-après pendant 5 ans.

80h	»l	la 1re année à 10 p. %	8h	»l		
72h	»l	la 2me année à 8 p. %	5	75		
66h	25l	la 3me année à 6 p. %	4	»	}	23 hect. 80 l.
62h	25l	la 4me année à 5 p. %	3	10		
59h	15l	la 5me année à 5 p. %	2	95		

Il ne nous restera net au bout de 5 ans que 56 hect. 20 l.

En abandonnant les fractions nous trouvons que ces 56 hectolitres reviendront à 2,000 fr., soit 36 fr. l'hectolitre.

Or, en vendant ce vin à 50 fr. l'hectolitre, soit 50 c. la bouteille, ce qui pour un vin de 5 ans, bien conservé et bon comme on doit le supposer, n'est pas un prix bien cher, on aura un bénéfice de 800 fr. au bout de 5 ans, soit 160 fr. par an, ce qui, sur le capital primitif de

1,200 fr. auquel j'ai ajouté l'intérêt des intérêts à 6 p. % l'an, donne un produit de 20 p. %, intérêt compris (1).

Si au lieu de le vendre 50 centimes la bouteille, on en obtenait 1 fr., car il n'y aurait rien d'extraordinaire, les vins de Bordeaux, Bourgogne, côtes du Rhône se vendant au *minimum* de 1 fr. jusqu'à 5 fr. et au-dessus; si donc on vendait celui de Provence 1 fr., ce bénéfice s'élèverait net à 720 fr. par an, ce qui avec les intérêts fait un produit de 66 p. % par an et ainsi de suite, suivant que ce vin aurait acquis de bonté; on sait que c'est par leur mérite réel qu'on peut en apprécier la valeur (2).

Mais sans élever nos prétentions au-delà de ce terme, quoique je persiste dans l'idée qu'on puisse y arriver dans beaucoup d'endroits en Provence, arrêtons-nous à ce *minimum* de 50 c. à 1 fr. le litre, et faisons en l'application à une portion des vins récoltés dans notre département et dans toute la Provence.

Nous trouvons dans la Statistique du département sur les documens fournis par l'administration des contributions indirectes que le terme moyen des 10 années de 1818 à 1827, porte la quantité des vins récoltés dans

---

(1) Il est bon d'observer que souvent on pourra vendre, à ce prix, partie ou totalité de ce vin au bout de 2, 3 et 4 ans, ce qui fera rentrer plutôt dans ce bénéfice et dans le capital avancé.

(2) On doit faire attention que la différence de la capacité du litre à celle de la bouteille ordinaire, paie à peu près les frais de verre et bouchon.

notre département à 478,248 hectolitres; or, je ne veux porter qu'à la moitié de cette quantité celle susceptible des améliorations possibles, ce qui par conséquent est 239,124 hectolitres, qu'on pourrait vendre au bout des 5 ans à 50 fr. l'hectolitre, soit un bénéfice de 14 fr. par hectolitre, net d'intérêt et tous frais, ce qui présenterait, une fois arrivé à cette époque de 5 ans, une augmentation de produit pour le département de 3,347,736 fr., et si nous pouvions les vendre seulement 1 fr. le litre, soit 100 fr. l'hectolitre, cette augmentation serait de 15 millions 303,936 fr. pour la propriété rurale.

Maintenant essayons d'étendre cette évaluation à toute la Provence, dans laquelle nous ne comprendrons que les quatre départemens des Bouches-du-Rhône, Var, Vaucluse et Basses-Alpes. Si le Var produit plus que les Bouches-du-Rhône, Vaucluse et les Basses-Alpes, produisent bien moins. Ainsi nous n'estimerons les produits de ces trois départemens que le double de celui des Bouches-du-Rhône, ce qui nous fera dans le prix de la première hypothèse, 10,043,208 fr., et dans celui de la seconde, 45,911,808 fr. d'augmentation annuelle de produit pour la propriété rurale, dans toute la Provence; qu'on voie par là si la richesse agricole n'augmenterait pas d'une manière sensible dans nos contrées. Ce n'est en effet que ce produit qui enrichit le Bordelais, la Bourgogne et la Champagne, comme toutes les contrées qui se donnent la peine de soigner cette branche importante. Cela ne vaut-il pas bien la peine aussi que nous fassions enfin de même chez nous, qui avons plus que tout autre pays tous les élémens possibles pour arriver à ce terme.

On voit par le résultat possible de ces améliorations bien entendues, leur importance pour l'intérêt de la Provence. Les étrangers qui la visitent en effet sont surpris d'y boire en général de si mauvais vin; quand, disent-ils, il serait possible de n'en avoir que du parfait, sous un si beau ciel, avec de si belles expositions.

La plupart de ce que la Provence renferme d'esprits observateurs et judicieux, en ont été frappés de tout temps; et soit pour en rechercher la cause comme pour aiguillonner l'émulation des propriétaires, à diverses époques nos Sociétés savantes ont mis au concours le sujet des améliorations de nos vins. Par suite, divers mémoires de plus ou moins grand mérite furent couronnés; parce que de tout temps comme aujourd'hui on a trouvé des personnes que l'amour patriotique a animé des plus beaux sentimens. Mais malheureusement ces mémoires ont été sans résultat sensible jusqu'ici sur cette partie.

Peut-être alors, il est vrai, le goût de

l'instruction ne nous dominait-il pas assez, et ces mémoires restaient-ils ignorés de la masse de la population. Il en sera toujours de même toutes les fois que les propriétaires restant étrangers à ce qui les touche, ne s'attacheront pas vivement au sujet qui les intéresse.

Quant à moi, depuis que je suis rentré en Provence après environ 15 ans d'absence, j'ai tellement été touché de la pauvreté de nos campagnes, des différences de leurs produits, comparés à l'aisance qui règne dans d'autres pays et aux soins qu'on donne à leurs productions, que j'en ai toujours entretenu les propriétaires, mes amis, et que j'ai cherché toutes les occasions de les éclairer sur leurs véritables intérêts; c'est aussi ce qui a souvent fait le sujet de mes lectures à la Société de Statistique provençale; mais on sait que la plupart des travaux de ces sociétés restent ignorés par le défaut de publicité, et qu'ainsi leurs réunions n'atteignent pas toujours le but qu'elles se proposent.

L'an dernier j'appris que la Société académique d'Aix avait mis au concours cette question en ces termes :

« Quels seraient les moyens d'améliorer « les vins du département des Bouches-du-« Rhône, soit sous le rapport de la culture « de la vigne, soit sous le rapport de la fer-« mentation vineuse, soit sous le rapport « des soins à donner aux vins dans les « caves ? »

Avec l'esprit qui anime aujourd'hui notre population, je m'attendais à voir surgir une foule de candidats, empressés de répandre la lumière sur ce point important et à voir de leurs travaux dater une nouvelle ère pour nos vins.

Quel ne fut donc pas mon étonnement d'apprendre que deux mémoires seuls avaient été présentés, et qu'ils n'avaient, l'un ni l'autre, aux yeux de l'Académie, rempli le but désiré, ce qui la mettait dans le cas de remettre le même sujet au concours pour 1829.

Il est fâcheux, me dis-je, de voir ainsi retardé d'un an l'espoir que j'avais fondé sur ce concours, et pour ne pas être exposé au même inconvénient l'année suivante, je conçus le projet de me mettre sur les rangs; quelques amis d'ailleurs m'y ayant engagé.

Aussitôt, piqué de l'aiguillon de cet amour-propre national, susceptible d'émouvoir si vivement et de produire de si grands effets dans d'autres directions, j'osais dès lors aspirer à la candidature, en donnant quelques instans de mes loisirs à cette matière que je voyais si riche de résultats. Ne consultant donc que ma bonne volonté, sans égard pour ma faiblesse, je produisis ce mémoire, que l'Académie a couronné d'un suffrage unanime, m'a-t-elle dit.

Flatté de cet honorable triomphe, j'en jouissais en silence, quand un bon nombre d'amis et de bien d'autres personnes m'ont témoigné le désir de voir ce mémoire imprimé, et m'ont engagé vivement à le faire. Il n'a fallu rien moins que l'amour de mon pays, son intérêt général, et le suffrage d'une Société savante, pour céder à ces considérations et me décider à sortir de l'obscurité où je me suis toujours plû par caractère. Je m'y suis donc déterminé, quelqu'éloignement que j'aie pour la prétention d'écrire; car, on sait que dans le commerce fort avare du temps, Mercure le captive tout et ne permet guère qu'on sacrifie aux Muses. Mais je compte beaucoup sur l'indulgence de mes concitoyens, en faveur du motif d'intérêt public et de ma bonne volonté.

On ne doit pas s'attendre à trouver ici le traité complet d'une matière qui comporterait plus d'un volume ; les bornes d'un mémoire académique sont trop circonscrites pour en attendre cet effet; mais j'y ai tracé en abrégé tout ce qu'il était possible et indispensable d'y faire connaître. Ce sera ensuite au propriétaire, avec ces élémens, à en tirer toutes les conséquences qui en découlent, et à agir dans le sens indiqué, en suppléant par ses connaissances et sa sagacité, à ce que je puis avoir laissé à désirer.

Heureux, si j'ai réussi d'avoir fait quelque chose pour mon pays, dont les intérêts me seront toujours à cœur. Aussi, désire-je de voir les personnes intéressées à sa prospérité aider par leur influence à la propagation des connaissances qui tendent à ce but.

Quant à moi, je saisirai toujours les circonstances qui pourront y contribuer, par tous les moyens qui seront en mon pouvoir.

MÉMOIRE

SUR

LA CULTURE DE LA VIGNE

et la Vinification,

COURONNÉ PAR L'ACADÉMIE D'AIX,

EN JUIN 1829.

Divers ouvrages sur la Vigne.

DEPUIS fort long-temps, on a senti en Provence, avec le besoin d'y améliorer les vins, la possibilité de le faire d'autant mieux, que sa latitude, son climat et sa topographie s'y prêtent merveilleusement. Aussi depuis que l'instruction a été plus répandue, que pour se communiquer ses idées, ses connaissances, on a formé des réunions sous le nom d'Académie, on y a souvent agité cette intéressante question d'économie rurale. Divers prix ayant été proposés par ces Sociétés ont donné lieu à plusieurs Mémoires qu'on ne lit pas, ou que le temps a peut-être fait oublier. Je pourrais en citer pourtant, qui sont l'œuvre d'auteurs très-recommandables, tels que celui du Columelle Français, de l'illustre Abbé Rozier, que l'Académie de Marseille couronna en 1771. — Quoique je ne connaisse pas ce Mémoire, le nom de son auteur, comme les suffrages qui l'ont couronné, me sont un garant de son mérite.

La Société d'Agriculture d'Aix a couronné, en 1781, un écrit sur ce sujet, du docteur Muraire. Ce Mémoire, malgré l'émission de quelques faux principes que l'état de nos connaissance actuelles repousserait aujourd'hui, renferme certaines vues utiles.

M. Reboul, avocat au Parlement, avait dans un ouvrage intitulé : *Observations sur l'Agriculture, etc.*, imprimé chez M. A. David, à Aix, en 1785, donné quelques bonnes instructions à suivre, à travers quelques erreurs particulières sans doute à l'époque.

L'Académie de Marseille a couronné, beaucoup plus tard, en 1807, un Mémoire de M. Guerin, agriculteur à la Ciotat, sur cette même question ; il ne m'est pas connu non plus, mais on le dit très-intéressant.

M. Lardier, qui a écrit assez longuement sur l'Agriculture en Provence, donne de fort bons avis sur cette matière aussi.

Au reste, sans être spécialement écrits pour le Midi, n'avons-nous pas une foule de bons ouvrages qu'on peut consulter, quoiqu'avec réserve, tant sur la culture de la vigne, que sur l'art de faire le vin (1)?

Le père de l'Agriculture Française, Ollivier de Serres, nous donne sur cette plante des leçons qui seront bonnes à suivre dans tous les temps. Chaptal a, de nos jours, traité cette matière *ex professo*, dans un ouvrage en 2 vol. *in*-8°, intitulé: *Traité théorique et pratique sur la culture de la Vigne, avec l'Art de faire le vin* (1801).

Je ne me présente donc point ici avec le mérite d'innovateur; je viens en simple historien, communiquer le fruit de mes observations et de mon séjour dans divers pays de vignobles fameux, présenter en ordre un extrait succint, mais suffisant, de faits recueillis de toutes parts, de méthodes consacrées par l'expérience et applicables à nos contrées. Ainsi les matériaux ne manquaient pas sur ce sujet; mais ou épars, ou ignorés, ou consignés dans d'ouvrages trop éten-

(1) Mr Poutet, pharmacien de cette ville, cet habile chimiste qu'on rencontre dans toutes les voies d'amélioration relatives à ses connaissances, a écrit, viens-je d'apprendre, de fort bonnes instructions sur la vinification, et notamment sur la fermentation. Honneur aux citoyens dont les talens s'appliquent toujours à la prospérité de leur pays!

dus, on n'y avait pas recours. Puisse ce Mémoire, s'il a l'agrément de l'Académie et qu'elle le publie, contribuer à atteindre le but qu'elle se propose.

Nécessité de l'instruction des Cultivateurs ou Vignerons.

Un des premiers besoins qui se font sentir en Provence pour atteindre ce but, est l'instruction des cultivateurs, pour tout ce qui a trait à la culture de la vigne : c'est ce qui constitue l'art du vigneron, peu connu parmi nous, puisqu'au lieu de s'occuper spécialement toute l'année de cette partie, comme le font des agriculteurs dans les pays de vignobles tant soit peu renommés, les nôtres s'occupant de toutes les cultures, sont bien loin de donner les soins nécessaires à cette plante.

Nécessité de quelques connaissances en Œnologie.

Un second besoin non moins impérieux se fait plus vivement sentir encore, ce sont les connaissances en Œnologie, qui sont aussi du domaine du vigneron, et que nos agriculteurs provençaux paraissent ignorer, ou négligent complètement. Or, pour obvier autant que possible à ce vice, dont nous ne sommes pas près de voir le terme, le plus sage parti pour un propriétaire de vignes, est celui de les faire valoir par lui-même. Avec une volonté ferme, certaines connaissances dans cette partie et quelques avances en numéraire, il pourra diriger cette culture à son gré, la surveiller, recueillir ses observations, mettre à profit les fruits de l'expérience, et fournir les avances nécessaires à cette exploitation, pour attendre de jouir plus tard de l'avantage qu'il a droit d'espérer. Voilà ce qu'il peut difficilement pratiquer avec un métayer ou méger, qui travaillant à moitié ou portion de fruit, comme il est d'usage presque général ici, résiste aux moindres améliorations. C'est ce qu'il peut encore moins faire avec un fermier, qui exploitant pour son propre compte, est sourd au plus léger avis, quelqu'utile qu'il soit.

Voici dans tous les cas, à mon avis, les meilleures pratiques à suivre ; *ab ovo*, pour obtenir du vin fin et délicat, comme pour y améliorer tous les vins en général.

Origine de la Vigne.

Un premier point que ne doit jamais perdre de vue le vigneron, c'est que, originaire de l'Asie, la vigne, comme tout ce qui végète, tout ce qui a vie, se plaît de préférence sur le sol, dans l'atmosphère qui approchent le plus de sa terre natale, et qu'on ne s'écartera jamais de ce principe sans qu'elle en éprouve une dégénération plus ou moins sensible. C'est pourquoi, bien que la vigne végète dans toutes les terres, dans toutes les expositions en Provence, on la voit cependant produire un bien meilleur fruit, un fruit chargé du muqueux sucré, vrai signe d'une parfaite maturité, sur les coteaux bien exposés au Midi, dans les terrains légers et graveleux, plutôt que dans les plaines, les expositions au Nord et les terrains argileux.

Choix du Terrain.

Or, le premier soin du vigneron qui tient à avoir du bon vin, est de faire choix d'un terrain et d'une exposition convenables ; c'est ainsi qu'il devra donner la préférence aux coteaux bien exposés, se dirigeant de l'Est au Sud, composés de grès, de sable granitique, de terre volcanique, et en général de toutes les terres calcaires végétales mêlées de silex, de cailloux, réfléchissant bien les rayons solaires, et procurant ainsi cette chaleur indispensable pour élaborer, concentrer, mûrir le suc des raisins, des terres, enfin, que l'on appelle en provençal des *Grés*, *Saffré*, *Malausseno*.

Il ne faut pas qu'il augure de là que les terres les plus sèches, même les terres stériles lui conviennent le mieux ; parce que sans un peu d'humidité, la vigne ne saurait exister. Il s'interdira, en conséquence, s'il veut du bon vin, les plaines où reposent les terres grasses, argileuses, qui fournissant une sève trop abondante, mal élaborée, ne font produire que du bois à la vigne, ou des raisins aqueux, sans principe sucré, vraie base du bon vin. S'il était besoin d'étayer cette opinion de quelques exemples, nous n'aurions qu'à citer le Médoc, dans le Bordelais, dont les premiers crus, tels que Latour, Margaux, Lafitte, proviennent d'un sable graveleux qui repose sur une couche épaisse de sable gras.

Le vin de Grave, qui dans le même pays vient en seconde ligne, prend le nom du terrain qui le produit, et l'on remarque dans cette contrée, que plus le vignoble s'éloigne de la rivière, plus il perd de qualité, et que plus il s'élève au-dessus de la rivière, quoique très-près de ses bords, plus il en acquiert.

Enfin, la rive gauche de la Garonne qui produit les meilleurs vins, est d'un gravier fin, un sable purement granitique, tandis que la rive droite, dont les vins sont inférieurs, ne présente qu'une terre argileuse, mêlée, il est vrai, de pierrailles, ce qui diminue le mauvais effet de l'argile.

Barzac, qui fournit le premier vin blanc, au centre du vignoble de gauche, occupe bien une terre rouge argileuse avec très-peu de gravier, mais n'ayant que 3 à 4 pouces d'épaisseur, reposant sur une roche quartzeuse ou granitique.

Si nous montons en Bourgogne, nous voyons les vins exquis du clos de Vougeot, Chambertin, La Romanée, Nuits, Beaune, etc., provenant de terres pierreuses sur des coteaux bien exposés. Plus près de nous, la fameuse colline de l'Hermitage, dans la Drôme, n'est qu'un terrain granitique et un sable sec.

Les vins de St-Péray, Côte-Rôtie, Condrieux et toute la côte du Rhône, présentent une pareille exposition et un sol de même nature.

Autour de nous, La Malgue, Cassis, Lédenon, Châteauneuf, sont tous autant de coteaux d'un terrain pierreux et schisteux.

En pays étranger, le coteau de Theresiemberg, près de Tokai, en Hongrie, qui passe pour fournir un des premiers vins, n'est qu'un sable couleur de cendres, purement volcanique ; les vins de Malaga sont sur des montagnes escarpées vers les bords de la mer et d'un terrain pierreux. Les vignes qui produisent le vin de Lacryma-Christi, plus vanté qu'il ne mérite, il est vrai, gissent sur la lave que vomit le Vésuve.

En voilà plus qu'il n'en faut, je pense, pour donner du poids à notre opinion, aux yeux des contradicteurs qu'elle pourrait rencontrer. Si nous cherchons d'ailleurs la cause de la préférence, accordée par la vigne à cette nature de terrain nous la trouverons dans sa physiologie même.

Physiologie de la Vigne.

La racine principale ou le pivot de la vigne est creusée par le bout, percée d'une infinité de petits pores comme la grille d'un arrosoir, ce qui lui donne une force de succion extraordinaire pour pomper une partie des sucs nécessaires à la subsistance de la plante ; ses racines latérales et chevelues sont autant de tuyaux capillaires qui portent avec abondance au centre commun les substances et les gaz qu'une moelle volumineuse dans tous les membres de la plante laisse filtrer avec facilité à travers ses larges vaisseaux : au point que cette abondance de nourriture lui deviendrait funeste, si elle n'avait pas le moyen de se débarrasser du superflu, par une transpiration extraordinaire provoquée par l'étendue de la surface de ses feuilles, comme toutes les plantes de même genre. Ces feuilles outre cette fonction, tendant constamment pendant la nuit à pomper l'air, l'humidité et les gaz répandus dans l'atmosphère, introduisent ces agens qui s'insinuent dans toutes les parties de la plante. Ce sont des faits que le docteur Halès a très-bien démontrés par des expériences nombreuses suivies avec soin.

Ce mouvement rapide qu'a la sève d'ascension pendant le jour, de descente pendant la nuit, étant trop actif dans un terrain gras, fertile, sous un climat humide, nous indique assez, ou qu'elle se convertirait entièrement en bois, ou que ne pouvant être suffisamment élaborée, elle ne produirait que de sucs aqueux incapables de faire un vin généreux. Car, quoiqu'en Bourgogne sur des coteaux, il est vrai, et dans des terrains légers, on obtienne même sans une parfaite maturité du raisin, un vin très-agréable, il est faible, mais jamais généreux, et encore il est des vins qu'on y appelle primeurs, tels que ceux de Volney, Pomard, qu'il faut boire dans leur première année, ou tout au plus dans la suivante. Les vins de ces contrées qui se conservent le mieux ne vont pas au-delà de 6 à 7 ans, vu leur faiblesse; après cette époque, ils vieillardent, ils filent, disent-ils, en termes techniques du pays, c'est-à-dire, que tournant au gras, ils filent comme de l'huile. Tandis qu'en Provence, sur nos coteaux, dans les terrains maigres, légers, graveleux, nous sommes presque sûrs d'obtenir toujours un vin excellent, en le fesant avec soin, un vin qui se conservera, pour ainsi dire indéfiniment, avec l'*arome* dont il sera chargé.

Préparation du Sol.

Après avoir fait choix d'un tel terrain, sur un coteau à une bonne exposition de l'Est au Sud, s'il est possible, et bien découvert, pour suivre le précepte de Virgile :

. . . . . Apertos
Bacchus amat colles.

Coteaux qu'il nous est si facile de rencontrer en Provence, dont la topographie ne présente que trop de collines déboisées.

Il faut dès le printemps défoncer cette terre, d'autant plus profondément, qu'elle sera sèche, pour qu'en plantant la vigne en automne, elle trouve une terre meuble, divisée, que ses racines y pénétrant aisément sucent l'humidité nécessaire à leur formation, ou à leur reprise. Si le terrain où l'on veut planter est humide, froid, au lieu de planter en automne, on doit le faire au printemps, époque où la chaleur et l'humidité sont dans une juste proportion pour accélérer la végétation, tandis qu'en automne ou en hiver, l'humidité sans chaleur peut pourrir les boutures.

Si ce terrain était déjà en rapport, il convient pour le bien préparer, d'y cultiver pendant 2 à 3 ans, des légumineux, racines, tubercules, et de préférence les plantes qui exigent plusieurs labours, comme pomme de terre, haricots, etc. Les labours et les engrais nécessaires à la prospérité de ces plantes, ameublissent la terre, la divisent et l'enrichissent. Cette espèce de fumier quoique contraire à la vigne, répandu d'avance, ne produit alors que de bons effets. Dégagé de son excès d'acide carbonique, il s'assimile ainsi à la terre végétale dont le sol se compose, et en cet état convient assez bien à cette plante.

Si, enfin, la plantation qu'on se propose, devait en remplacer une vieille de même nature, il ne faudrait pas le faire sans en laisser reposer le sol 4 à 5 ans au moins, mais plus long-temps si l'on peut. Pendant cet intervalle, la plante qui convient le mieux parmi tous nos végétaux, à remplacer la vieille vigne, comme à précéder la nouvelle, est le *sainfoin*, *hedisarum onobrychis.* Cette plante qui réussit très-bien sur une terre bien remuée pour l'extraction des racines de la vieille vigne, purge elle-même à son tour le terrain des plantes parasites. Ses racines pivotantes divisant bien le terrain, lui permettent de sucer tous les principes nécessaires à la bonne végétation de la vigne.

Telles sont les conditions premières, indispensables pour avoir un vin fin, généreux, de conserve indéfinie ; en observant de plus les règles exposées ci-après, tout aussi nécessaires pour atteindre ce but. Ces règles que je vais tracer, doivent encore s'appliquer à tous les vins en général qui se récoltent en Provence, dans quel sol, à quelle exposition que ce soit, si l'on tient à les améliorer ; car, comme nous l'avons bien reconnu, la vigne végète, produit partout en Provence, mais en beaucoup d'endroits ce ne sont que des vins légers, mauvais, ou ne pouvant se conserver ; c'est à quoi on peut facilement remédier, en observant avec soin les principales méthodes que je vais indiquer.

Moyens de Reproduction.

De toutes les manières de reproduire la vigne, la plus expéditive, la plus usitée, est l'emploi de la bouture, qu'en bien d'endroits on appelle chapon, et qu'on nomme ici maillot; c'est une partie de sarment poussé dans l'année, à laquelle est jointe une portion de bois de l'année précédente, appelée crossette, la seule différence qui la distingue réellement de la bouture proprement dite. Il est à remarquer d'ailleurs que cette portion de vieux bois n'est pas indispensable, car on ne lui connaît aucune fonction particulière. C'est généralement par habitude, sans chercher à s'en rendre compte, je pense, qu'on l'y laisse, pour attester peut-être son exhadhérence au tronc, et par là la bonté de ses boutons pour la reproduction; mais il est prudent, avant de la planter, de couper ce morceau de vieux bois qui, en se pourrissant, peut nuire à la plante. Cette opinion partagée par plusieurs agronomes distingués, est soutenue par M. Lardier, à la suite de longues expériences.

Choix des Plants.

Pour avoir de bons maillots, il faut qu'ils soient forts, sains, sans cassure, et aient porté du fruit dans l'année, pour être certain de leur fécondité. On doit les couper vers la fin de l'automne, quand le bois est bien aoûté, et s'occuper presqu'aussitôt de leur plantation; car si l'on attend le printemps et qu'il ne pleuve pas, comme il arrive souvent ici, les jeunes plants étant privés de l'humidité nécessaire à leur végétation, languissent d'abord, puis succombent aux premières chaleurs qui se font sentir. On détachera ces maillots des ceps qui sont dans toute leur vigueur, ni trop jeunes, ni trop vieux, et produisant ordinairement de beaux et bons fruits. On doit les prendre sur les vignes du pays même où elles sont déjà acclimatées, sans les faire venir des pays éloignés, réputés pour faire du bon vin, comme le pensent quelques personnes. Car il ne faut pas se flatter de faire en Provence du vin qui ait la délicatesse du Bourgogne, où le bouquet du Bordeaux, parce qu'on aura tiré les plants des premiers crus de ces pays-là. C'est une chimère après laquelle ont inutilement couru certains propriétaires, qui ont poussé quelquefois les sacrifices jusqu'à faire venir chez eux, outre les plants de ces pays, les terres mêmes qui les nourrissaient (2). On ne doit pas se faire illu-

(1) Nous pourrions en citer ici un exemple transmis par l'histoire : c'est celui de François Ier, qui acheta, près de Fontainebleau, cinquante arpens de terre qu'il consacra à une plantation de vignes tirées directement de la Grèce. L'histoire ne nous a pas appris pourtant qu'on y ait jamais obtenu du vin même supérieur à ceux des vignobles des alentours. Trois siècles se sont écoulés de-

sion, une infinité de circonstances sont nécessaires pour obtenir un égal résultat, circonstances qu'il est non-seulement difficile, mais je dirai même impossible de réunir. En effet, comment rencontrer sous une même latitude, l'exposition, l'abri, le climat et non-seulement la couche supérieure de terre, mais encore toutes les couches inférieures, jusqu'à une grande profondeur, également superposées à la même épaisseur, au même degré d'inclinaison que le sol privilégié qu'on aura voulu imiter? Ne voit-on pas au reste, plusieurs exemples de cette vérité? Le fameux clos de Vougeot, d'un seul tènement, qui n'est pas d'une grande surface, offre pourtant trois qualités bien distinctes dans les vins qu'il fournit. Quand celui du pied de la montagne se vend 200^{f} l'hectolitre, celui du centre en obtient 600^{f}, et celui du sommet 400^{f} seulement. Dans le Bordelais, presque chaque propriété obtient un prix tout-à-fait différent. Quoique les plants, la culture, les soins y soient partout les

---

puis : ces plantations se sont renouvelées plusieurs fois des mêmes sujets. Et que nous offrent-ils aujourd'hui? A travers quelques espèces communes aux autres départemens voisins, le *Chasselas*, qui, il est vrai, mérite la réputation dont il jouit, mais comme comestible seulement, et grâces aux soins minutieux que lui prodiguent les cultivateurs.

mêmes, et je dois dire à ce sujet, que peut-être ces plants étaient les mêmes que les nôtres dans leur origine, puisqu'ils viennent tous de la même source (de l'Asie), mais que seulement ils sont connus sous d'autres noms, et ont pris sans doute un caractère particulier au climat, au sol, où ils ont été implanté. Ainsi, soit par dégénération ou régénération que ces raisins ne se reconnaissent plus dans la suite des temps, on est sûr d'éprouver le même changement dans les nouveaux sujets qu'on tenterait d'introduire chez soi d'une provenance lointaine. Nous ne serions pas autant embarrassés aujourd'hui sur les noms et la nature de chaque espèce de raisins, si le célèbre Abbé Rozier, qui s'était livré avec tant de zèle à l'étude de cette plante, avait pu exécuter le projet du bel établissement par le moyen duquel il espérait dresser une synonymie de la vigne qui serait entendue dans toute la France; mais si cet estimable philanthrope vécut assez pour sa gloire, il vécut trop peu pour son pays; heureusement, plus tard, la pépinière du Luxembourg a réalisé ce projet, dont la connaissance n'est pas assez répandue.

Préférence à donner à nos Plants.

En l'état, tenons-nous-en à nos bonnes vignes naturalisées chez nous; choisissons parmi elles, celles qui réussissent le mieux et font le meilleur vin, soit dans nos propres vignobles, soit chez nos plus près voisins. Nous en obtiendrons, avec des soins, de la persévérance, des qualités de vin qui se feront une réputation à eux propres, en ne pas sacrifiant surtout la qualité à la quantité. Car, combien ne rencontrons-nous pas parfois en Provence des vins exquis, à qui il ne manque que d'être produits sur des tables somptueuses pour être appréciés et vantés. En effet, un rien est la cause de la renommée, comme un rien peut la faire perdre. Mais pour faire au pays une grande réputation de son vin, pour qu'elle soit répandue dans le commerce, de manière à en tirer profit, il ne suffit pas qu'un seul propriétaire fasse du bon vin, il en faut une certaine masse dans la contrée. Or, pour arriver à ce point, ceux qui donneront l'exemple des améliorations, ne doivent pas se décourager dès les premières années, s'ils ne rencontrent pas d'acheteurs qui apprécient d'abord leur vin dans leur juste valeur, cela viendra immanquablement par la suite, augmentera leur produit et la richesse de la Provence.

Je pourrais recommander ici la nouvelle méthode de propager la vigne par semis proposée par M. A. de Sinety, dans son Mémoire lu à l'Académie de Marseille, en avril 1828, si son mérite était bien constaté ; mais l'auteur lui-même recommande prudemment aux agriculteurs de renouveler des essais semblables aux siens, avant de l'adopter avec trop de précipitation. Sans prétendre constater les principes développés d'une manière si lumineuse par cet agronome distingué, quoique susceptibles de quelques objections, je croirai plus prudent de suivre les méthodes consacrées par l'expérience de plusieurs siècles, puisqu'elles valent dans les pays où on se donne la peine de les soigner, les vins exquis qui font les délices de notre table.

Laquelle de toutes les méthodes, enfin, qu'on croie devoir employer, l'on évitera surtout en plantant cet assemblage monstrueux de raisins de toute espèce qui ne laissent aucun goût décidé au vin, et dont d'ailleurs les uns sont encore verts, quand les autres ont mûri, ceux-ci sont gâtés, quand ceux-là ont atteint leur maturité. Les divers principes de cette réunion ridicule sont trop opposés pour que les résultats en soient bons, ils ôtent au vin toutes ses qualités et ne lui laissent que la triste perspective de ne pas passer l'année sans être entièrement gâté.

Qualités de Plants préférables.

Qu'on plante dans un espace donné, deux, trois espèces de raisins au plus, mais à peu près semblables, mûrissant au même moment, qu'on mette dans un autre endroit, les espèces mûrissant aussi ensemble, pour qu'en vendangeant chaque portion, tout soit à peu près au même point de maturité. C'est ainsi qu'on séparera surtout les espèces blanches de celles colorées, ne mûrissant pas à la même époque, et dont on fait d'ailleurs des vins différens. Je ne m'occuperai pas à désigner les espèces auxquelles on doit s'attacher de préférence; chaque propriétaire connaît celle qui réussit le mieux chez lui ou chez son voisin; et l'expérience en ceci est d'ailleurs le meilleur maître, car cela tient à beaucoup de circonstances de localités qu'elles seules peuvent indiquer, comme à la qualité de vin qu'on désire obtenir. Voici toutefois les qualités qu'on peut recommander de préférence, suivant chaque espèce de vin.

Pour les vins de liqueur, les plus propres au transport, on plantera du raisin appelé ici *du Catalan* ou *du Mourvède*, d'autres disent *Mourvègue*; ils produisent beaucoup et résistent le mieux à la sécheresse ; on les plantera , à cet effet , sur les positions les plus élevées ; on réservera pour les terres plus basses, le *petit Mourvègue , Vitis acino nigro , rotundo , molli , minùs suavi.* Ces deux qualités de raisins mûrissent en même temps , leur végétation tardive les expose moins aux gelées du printemps, leur peau dure les garantit de la pourriture , en cas de pluie en septembre ; ils réussissent très - bien , même dans les bas - fonds , donnent le meilleur vin pour le transport ; le moins susceptible de se gâter et le plus coloré , qualité très - recherchée par les marchands. Ces qualités de raisins sont une variété de ceux qu'on cultive à Bordeaux. On peut en juger par la comparaison avec ceux qu'on a introduits ici sous le nom de *Plants de Bordeaux.*

On peut recommander comme des bonnes qualités de raisins, le *Plant d'Arles* , le *Grenache,* le *Saint-Perré ,* le *Terré Bouret* , le *Piquepoule noir* , ces deux dernières qualités sont très - répandues dans le Languedoc.

Le vin provenant de ces raisins est très-potable dès la première année , quoiqu'un peu doux et fade ; mais dès la deuxième année , après s'être bien dépouillé par le transvasement et le coulage , il devient moelleux , généreux et parfait en vieillissant, à mesure que sa couleur jaunit et prend la teinte de la pelure d'ognon.

Si l'on veut des vins légers, piquants, plus délicats. propres à la boisson des particuliers qui renoncent à le livrer au commerce, où on ne recherche que les gros vins. On doit planter le *Manosquen*, que dans quelques pays on appelle *Teoulier*, c'est le *Maurillon*, ou *Pineau* en Bourgogne ; le *Vitis precox*, *Columellæ acinis*, *dulcibus*, *nigricantibus ;* le Plant d'Alicante, *Vitis uvâ peramplâ*, *acinis nigricantibus*, *majoribus* ; le Barbaroux, raisin de Maroc, *Vitis acino maximo*, *cordiformi*, *violaceo* ; l'Uni noir, l'Uni rouge, appellé *Antibouren* dans le Var, d'Antibes, dont il tire sa dénomination, et enfin, le Plant du Roussillon, le Terré rouge.

Ces différentes sortes de raisins donneront un vin léger, fin, délicat et d'un bouquet agréable, mais qui sera moins propre au transport, et qui ne se conservera quelque temps qu'avec plus de soin. On peut, si l'on veut, lui donner plus de couleur, mêler quelques plants de Tinto (Teinturier), *Vitis acino nigro*, *rotundo*, *duriusculo*, *succo nigro*, *labia inficienti.* Les baies de cette espèce donnent un jus rouge très-foncé, ses pampres et ses sarmens ont une couleur presqu'incarnat. On ne cultive ce cépage que pour donner de la couleur au vin ; cuvé seul, il donne un vin de liqueur trop fade et de mauvais goût.

Pour ce qui est des vins blancs, si on les veut secs, on doit s'attacher à l'Uni blanc ou Picardan ; car les autres raisins blancs, tels que l'*Aragnan*, la *Blanquetto*, l'*Aubier* ou *Couloumbaou*, la *Clairette*, le *Plant de Saint-Gilles*, le *Picaragnan*, donnent du vin liquoreux plus moelleux (1).

Mode de Plantation.

Le mode le plus convenable de planter, est de tracer des lignes parallèles, d'y placer les ceps à une distance égale, de manière à ce qu'ils présentent un quinconce, comme on le pratique dans tous les pays de bons vignobles. Car, en Champagne, en Bourgogne, dans le Bordelais, comme dans une grande partie du Languedoc,

(1) Pour éviter les frais du renouvellement intégral d'une plantation et le long temps qu'il faut ponr jouir de ses fruits, un propriétaire peut, par le moyen de la greffe et du provignage, remplacer les qualités de raisins qu'il veut écarter, et avoir ainsi sous peu une plantation des seules qualités qu'il aura préférées.

S'il veut enfin rendre sa plantation à plein, au lieu d'être en allées intervallées avec les blés, il peut planter au milieu un, deux, trois rangs de vignes, selon l'intervalle qu'il y a ; mais ce ne sera jamais un travail aussi bon, qu'une plantation renouvelée en entier comme on doit le faire.

et dans le troisième arrondissement des Bouches-du-Rhône, la vigne est presque partout plantée à plein et non par intervalles, avec des terres à blé ou des arbres, comme on le fait en Provence.

On place, à cet effet, les ouvriers armés d'un plantoir en fer qu'on nomme en beaucoup d'endroits Taravelle, assez connu d'ailleurs pour qu'il soit nécessaire de le décrire ici, avec une mesure pour la distance à donner aux ceps ; on les place, disons-nous, à la première ligne du terrain à planter, et les parcourant ainsi les unes après les autres pour enforcer le maillot en terre à 6 ou 8 pouces de profondeur (20 à 25 centimètres), ils leur font présenter deux nœuds seulement, sur la surface du terrain, ayant soin de couper l'excédant.

Cette méthode laisse plus que toute autre de la facilité aux ouvriers pour tailler, bêcher, labourer, cultiver la vigne, vendanger et y étendre les fumiers propres à cette plante, tandis que la plupart de ceux qu'on met dans les terres à blé, ne lui conviennent pas du tout, quoique dans ce cas cependant, la vigne n'en ait pas d'autres.

Le vigneron aura soin en plantant ses maillots sur un coteau de les incliner, en les enfonçant avec le plantoir, dans le sens opposé à la pente du terrain. Il évitera aussi qu'il y ait du vide dans le trou entre le maillot et la terre, l'un l'autre devant se toucher dans tous les sens. Quelques personnes ont l'usage de remplir ces vides avec du terreau ou de la terre végétale fine, ce qui vaut mieux que de piétiner à l'entour, comme on le pratique ordinairement (1).

Espacement des Ceps.

Il n'est rien qui varie plus parmi nos agriculteurs provençaux que l'opinion sur l'espace à donner aux ceps, que l'on porte depuis 2 jusqu'à 4 pieds, suivant qu'on les plante sur un, deux, trois rangs. Et en effet, il ne peut y avoir ici de règle fixe, puisqu'elle est subordonnée à l'exposition, à la nature du sol, au genre de plantation qu'on veut faire. Mais voici ce qu'on doit faire à ce sujet.

Plus l'exposition est bonne, au Midi, le terrain chaud, sec et maigre, plus l'espacement doit être grand; plus, au contraire, la terre est humide, grasse, fertile, plus il y aura abondance de sève, qu'il convient de diviser sur une

---

(1) Par ce moyen ils résistent mieux à l'action des pluies et torrens, qui tendent toujours à entraîner la terre des coteaux.

plus grande quantité de ceps, c'est ce qu'on obtient en les rapprochant davantage. Autrement, la maturité sera trop tardive, quelquefois incertaine, le jus en provenant ne contenant pas assez de principes sucrés. Mais dans une plantation à plein en quinconce, sur un coteau bien exposé, dans un terrain sec et maigre, l'espace d'un rang à l'autre doit être de 5 à 6 pieds (16 à 20 décimètres), avec l'intervalle entre chaque vigne de 3 à 4 pieds (10 à 13 décimètres); dans un terrain en plaine, gras et fertile, un espacé de 4 à 5 pieds (13 à 16 décimetres), en tout sens, est suffisant et donne la facilité de labourer à la charrue, quand le vin a peu de valeur et qu'on ne veut pas faire de grands frais : c'est ainsi qu'on le pratique en général dans le Languedoc, en observant les mêmes distances.

En Bourgogne et en Champagne, les vignes, en général, n'ont que 2 pieds d'intervalle d'une à l'autre, et 4 pieds entre chaque rang. Dans le Bordelais l'espace est plus grand et se fait de 4 à 6 pieds (1).

Si la nature du terrain s'opposait à la plan-

---

(1) Ce rapprochement ne surprend pas dans un pays où des pluies fréquentes entretiennent la terre humide et fournissent plus de sève aux plantes.

tation avec le plantoir en fer appelé taravelle, on ouvrirait des tranchées, où on pratiquerait des trous à la pioche pour y placer les maillots à la manière indiquée, en ayant soin, si le sol n'est pas assez meuble ou trop caillouteux, d'y jeter au fond, de la terre plus émiée ou du terreau, ce qui assure davantage le succès de la plantation et dispense d'y revenir les années suivantes.

Taille.

On doit, de préférence, tailler la vigne à l'automne, quand le bois est bien mûr, ou encore à la fin de l'hiver, mais sans attendre trop tard pour que la sève ne se dissipe pas en pleurs, pure perte pour la végétation. Quoiqu'il y ait pour et contre ces deux époques, différentes chances dépendantes de la saison, ce qu'il est impossible de prévoir, celles de l'automne sont moins dangereuses. Au reste, pour laquelle des deux qu'on se décide, il faut choisir un beau jour, un temps doux et sec, se servir d'une serpette bien tranchante, pour éviter de faire éclater le bois qu'on coupe en biseau formant le bec de sifflet. On élague les bois les plus faibles, on taille sur les plus forts et de belle apparence, on taille encore court ou long, on laisse plus ou moins de bourgeons, suivant l'exposition, la nature du terrain, la vigueur des sujets, leur âge, et enfin, suivant les événemens qui ont pu l'affaiblir ou l'endommager l'année précédente, toutes circonstances que doit consulter le vigneron, à la sagacité de qui cette opération est confiée. S'il laisse trop de porteurs à la vigne, elle s'épuise bientôt, s'il la décharge trop, elle ne produit que du bois. On ne peut donc assigner à la taille une méthode générale, puisqu'elle doit être, pour ainsi dire, particulière à chaque année, à chaque plantation. On doit dès-lors employer des vignerons experts et bien exercés pour qu'ils ne taillent pas indistinctement toutes les vignes de la même manière, comme le font la plupart des cultivateurs. Toutefois on peut leur indiquer comme règle générale pour les jeunes vignes, de n'y laisser qu'un seul sarment la première année, en supposant que la vigne ait fait assez de progrès pour être taillée, ce que, dans le cas contraire, il faudrait renvoyer à la seconde année de sa plantation, tout comme, au lieu de deux yeux, n'en laisser qu'un sur ce sarment, s'il n'est pas fort. L'année suivante, on continue de tailler sur un sarment les jeunes vignes encore faibles, et sur deux celles qui ont poussé avec vigueur. La troisième, on donne deux sarmens à la vigne qui n'en avait qu'un, et 3 à celle qui en avait deux à la seconde taille. A dater de là, on doit assez généralement élever la vigne sur trois bras, d'un sarment chacun taillé sur deux yeux et l'œilleton, pendant toute la vigueur d'une vigne ; ce n'est que dans les terrains légers, secs, maigres et pierreux, que deux bras d'un sarment chacun à un œil seulement suffisent. Comme, au contraire, dans les terres fortes, humides, fertiles, et dans les printemps pluvieux et chauds, on peut laisser deux sarmens à chaque bras, quitte à les réduire, s'il y a lieu. C'est par ce moyen que la vigne est en position de produire de bonnes récoltes.

Élévation de la Vigne.

Il faut soutenir une jeune plantation par des échalas pendant les premières années ; sans cette précaution, les vents violens que nous avons ici pourraient lui faire un tort immense et la faire rétrograder, en abattant ses sarmens. Quand elle commence à être forte, les échalas deviennent inutiles, n'ayant pas besoin de tenir ici la vigne élevée. D'ailleurs, comme il s'agit d'obtenir par la chaleur le plus de principes sucrés possible, et que cette chaleur augmente presqu'autant par la réverbération, que par l'insolation directe qui desséche quelquefois, il convient alors de la tenir basse en évitant toutefois son contact avec la terre, et en ayant égard encore à la pente du sol où seront les vignes. On doit leur donner plus de hauteur sur un plan très-incliné, que sur un sol uni ou modérément incliné, parce que la coupe presque verticale du terrain réfléchit horizontalement les rayons solaires.

D'un autre côté, la vigne tenue basse, forme une couche assez touffue pour dérober la terre à l'action directe du soleil et entretenir son humidité. Ce n'est que lorsque l'accroissement des raisins est à son terme et qu'il n'a plus qu'à mûrir, qu'on réunit les diverses branches de ceps en faisceaux pour mettre à nu les grappes du raisin. Dans les pays où on échalasse la vigne, on cherche au contraire à éviter l'humidité du sol occasionnée par des pluies ou des brouillards fréquens.

Ébourgeonnement.

Il faut garder les jeunes plants de l'ébourgeonnement, il faut même en être avare sur la vigne dans toute sa vigueur, parce qu'on ne le fait pas avec assez de discernement. On peut ébourgeonner telle et telle vigne qui ayant trop de vigueur ne pousse que du bois pour en faire refluer la sève sur les grappes, ce qui n'arrive guère que dans les terres fortes, humides. Dans ce cas, on doit faire cette opération avant la floraison, car on s'exposerait à faire couler la fleur, si on y touchait pendant cette époque. On ne supprime d'abord que les brins inutiles venus dans le vieux bois, puis on y revient quand le raisin est noué, s'il y a de nouvelles pousses sur le vieux bois, comme s'il y en a de surabondantes sur le nouveau. Cette suppression doit être faite proprement avec une serpette bien affilée, pour éviter les éclats et les plaies difficiles à cicatriser.

Épamprement.

L'épamprement est encore moins nécessaire dans nos contrées que l'ébourgeonnement, à moins d'années pluvieuses et froides, où l'on aurait à craindre un défaut de maturité, ce qui ne peut guère avoir lieu que dans les bas-fonds. Dans ce cas, ce n'est qu'avec beaucoup de précaution et peu à peu, qu'à l'aide de ciseaux on élague les feuilles qui privent les raisins du contact direct des rayons solaires. Mais sur les coteaux à bonne exposition, dans des terrains maigres, cette opération est absolument inutile en Provence, à moins de vouloir faire des vins tout-à-fait liquoreux, ou que l'été ait été trop froid ou pluvieux.

Labours.

Occupons-nous maintenant des labours. On sait qu'ils sont très-nécessaires pour diviser la terre, la rendre perméable à l'humidité et susceptible d'être pénétrée par les rayons du soleil, en même temps qu'ils la nettoient de tous les gramens et autres mauvaises herbes qui feraient périr la vigne. Mais, s'il est vrai qu'ils soient indispensables, il l'est aussi qu'ils ne doivent pas être trop fréquens ni à temps inopportun. Voici donc la règle à suivre à ce sujet.

L'opinion de presque tous les agronomes distingués est que trois labours suffisent à la prospérité de la vigne.

Premier Labour.

Le premier doit avoir lieu d'abord après la taille, sitôt que le terrain est débarrassé des sarmens supprimés. Ce sera dès lors en automne pour celles qui auront été taillées à cette époque ; par ce moyen, l'humidité de l'hiver pénétrera jusqu'aux racines inférieures, et fournira à la plante un suc nourricier, qui lui manque quelquefois par le défaut de pluies au printemps. Quant à celles qui auront été taillées à la fin de l'hiver, le labour ne saurait être trop tôt fait, pour que la terre se pénètre bien du calorique et autres principes nutritifs, non-seulement avant que la végétation soit active, mais même avant l'apparition du bourgeon, s'il est possible.

Je n'ai pas besoin d'indiquer que les labours seront plus profonds dans les terres compactes, que dans les terres légères, pierreuses, dans les bas-fonds et aux bas des coteaux, que sur leur sommité, où les racines n'étant pas autant couvertes resteraient à nu, si on ne modifiait ce travail avec intelligence (1). On emploie la houe (la pioche) ou la bêche, selon que l'exigera la nature du terrain, en évitant de toucher aux racines le moins possible, ce qui est plus praticable avec ces instrumens qu'avec la charrue, quoique le labour avec cette dernière soit plus expéditif et moins coûteux; mais ne pouvant l'arrêter ou la diriger tout-à-fait à son gré, on est exposé à casser beaucoup plus de racines ou de branches, et on ne retourne jamais aussi bien la terre en tout sens comme avec le béchard ou la pioche. Ce que je recommande à ce sujet fait assez entendre qu'on doit bien se garder de cou-

(1) Le béchard, espèce de pioche bifurque, n'est pas encore assez répandu en Provence; c'est l'instrument qui convient le mieux dans notre sol argileux, et pour la vigne surtout, qu'il n'est pas exposé à tant endommager.

per aucune des racines ou chevelus, ainsi que quelques cultivateurs le pratiquent, sous prétexte de la nettoyer ou soulager; c'est une erreur bien grande qui porte un tort infini à la vigne, puisque ce sont les premiers moyens employés par la nature pour opérer la végétation. Ces précieux filamens sont les organes les plus utiles à la plante ; frappés par la lumière, ils trouvent à leur portée les substances alimentaires que l'air dépose à la surface de la terre, et sont autant de canaux qui transmettent à la vigne le carbone, l'oxigène nécessaires à sa vie. Ainsi, par la même raison qu'il est important de ne pas les couper, il l'est aussi de ne pas trop souvent les mettre à découvert ni les déranger de leurs fonctions par de fréquens labours. C'est quelquefois ce qui fait languir une vigne, ou arrête ses progrès, ce qu'on attribue souvent aux intempéries ou aux insectes. On ne commettrait pas ces fautes, si on se pénétrait bien de cette vérité fondamentale, que la Divinité n'a rien fait d'inutile dans l'organisation de ses créatures.

Deuxième Labour.

Le second labour doit avoir lieu, pour les vignes qu'on a taillées en automne, un mois ou quinze jours avant que la fleur commence, et quinze jours après que la fleur a passé, pour celles taillées et labourées à la fin de l'hiver ; mais il faut avoir soin de ne jamais y toucher pendant qu'elle est en fleur, en faisant bien attention surtout, à chaque labour, de détruire toutes les herbes qu'il y a (1).

Troisième Labour.

On ne doit faire le troisième labour, que quand le raisin a tourné, mais choisir pour cela un moment favorable, c'est-à-dire, après une petite pluie, car si le terrain était sec, la chaleur trop forte, on favoriserait l'évaporation du peu d'humidité qu'a la terre et qui rafraîchissait encore les racines. Si la pluie était trop forte, et qu'on fit ce labour tout de suite, la terre ne s'enlèverait que par mottes qui durciraient à l'air, principalement dans des terres compactes, et ne pourraient s'imprégner, aussi bien qu'étant divisées, des substances gazeuses nécessaires à la végétation.

---

(1) En général toutes les herbes dans les vignes sont des parasites qu'il n'y faut pas souffrir. Il en est qu'un seul coup de bêche détruit ; mais il en est qui sont tellement vivaces, qu'elles se reproduisent au bout de quelques jours, si on n'a pas soin de les enlever entièrement. Il en est encore qui peuvent communiquer au vin un goût désagreable : telles sont l'aristoloche, le souci, la verveine, la ronce, la mercuriale, etc., etc.

Engrais.

Les engrais sont d'une si grande influence sur la qualité des vins, qu'il en est qu'il faudrait entièrement proscrire, tels que les litières sortant récemment des écuries, les dépôts de voiries, les matières fécales (à moins d'être réduites en poudrette) ; ces fumiers impriment au vin un goût détestable, qui rappelle quelquefois leur origine, et que quelques personnes ont souvent la modestie d'appeler goût du terroir. Joignez à cet inconvénient celui d'avoir inévitablement un vin plat, sans énergie, sans principe sucré, un vin enfin qu'on est obligé de vendre de suite, faute de pouvoir le conserver. Ce vice seul devrait faire proscrire le mode de plantation usité en Provence, où la vigne, intercalée par allées dans des terres à blé, hume les sucs infectés des fumiers dont on engraisse celles-ci.

Il n'est pas douteux qu'il ne soit avantageux de donner quelquefois à la terre, soit des amendemens, soit des engrais, pour suppléer à sa maigreur, à son épuisement; mais on doit le faire avec autant de ménagemens pour la quantité que de choix dans la nature des engrais. Parmi ceux qui lui conviennent le mieux, je citerai les cendres, la suie, la colombine, la cornaille (raclures de cornes, ongles de pieds de moutons, etc.), débris des étoffes de laine que font les frippiers, les tailleurs, ceux des cordonniers, les mousses, les gazons, les feuilles entassées, ayant fermenté long-temps, et en général tous les produits des végétaux décomposés, comme vesces, garouttes, fèves de marais, semés en automne et enfouis quand ces plantes sont en fleur. Tous ces engrais contiennent beaucoup de carbone, d'hydrogène et ne communiquent aucun mauvais goût au vin; mais il faut les employer avec discernement et en temps opportun, surtout ceux qui sont secs, comme la cendre, la suie, colombine, cornailles, etc., qu'il ne faut employer que dans les temps de pluie. Ce sont les engrais de cette nature qu'on emploie généralement en Bourgogne, ainsi que dans les pays des premiers vignobles.

On a introduit tout récemment en Provence un engrais que je crois fort convenable à la vigne, mais dont l'efficacité, toutefois, n'est pas encore bien constatée, du moins à ma connaissance, c'est le tourteau, ou marc des graines oléagineuses, comme colza, œillette, qu'on tire, voie de mer, des contrées septentrionales, où l'on cultive ces plantes en grand. Ce sont des essais auxquels il est bon que les agronomes continuent de s'exercer pour publier le résultat de leurs expériences, dans l'intérêt public en Provence. Mais il est fâcheux pour ce même intérêt de voir enlever de Marseille, la plupart des résidus de ses fabriques, comme raffinerie de sucre, etc., que presque tous les navires ponentais prennent en lest, quand le besoin des engrais se fait si vivement sentir chez nous.

On peut recourir avec succès, surtout pour les vignobles cotoyans la mer, aux engrais salins, et avec d'autant plus d'avantage, que ne communiquant aucun mauvais goût aux vins, attirant l'humidité de l'air et l'y entretenant, ils conviennent parfaitement aux terrains maigres et secs de nos contrées. Ainsi on réduira en poudre le muriate de soude (sel commun) pour le répandre en petite quantité sur le sol ; on procédera de même, si l'on emploie des os, de la chaux et autres substances alcalines. Nous n'avons pas besoin d'indiquer l'algue marine, puisqu'on s'en sert dans les pays où on est à portée de l'avoir presque pour rien.

L'époque la plus favorable pour employer les engrais serait le printemps, si on était certain d'avoir des pluies; mais ce secours nous manquant souvent ici, il vaut mieux le faire en automne, pour que les pluies de cette saison, celles de l'hiver délayant les engrais, les fassent mieux pénétrer dans toutes les molécules des terrains et les assimilent parfaitement.

Le fumier communiquant à la vigne une nourriture trop abondante et par conséquent une sève moins élaborée, ne produisant qu'un vin insipide, il convient d'en être avare, de n'en fumer annuellement qu'une certaine quantité et successivement chaque année, pour ne revenir aux premières que tous les trois ou quatre ans, en observant encore d'en mettre d'autant moins que la nature de l'engrais aura plus d'énergie. Il faut le répandre également sur la surface du terrain, l'y enfoncer ensuite pour le soustraire à l'action de l'air, et le mêler avec la terre pour mieux faciliter leur combinaison. Ce mode est préférable à celui de mettre l'engrais par poignée au pied des ceps ; car ce n'est pas là que se trouvent les orifices des racines, qui, s'étendant bien audelà, savent se détourner d'ailleurs pour chercher l'engrais où il est.

Ce n'est pas par l'engrais seulement que le vin peut contracter un mauvais goût ; il sera dans ce cas encore si la vigne est voisine d'un four à chaux ou de quelque usine consommant de la houille ou lignite. C'est principalement quand le raisin est déjà gros, près de sa maturité, qu'il est plus susceptible de s'imprégner de l'odeur de la fumée des fourneaux. Cela est tellement ainsi que dans certains cantons de la Bourgogne, où on tient à conserver la réputation du cru, on se fait, dans cette crainte, une loi de ne brûler dans les rues, dans les champs, pendant les quinze jours qui précèdent la vendange, ni feuilles, ni paille, ni autres objets.

Malgré l'exécution de toutes les conditions qui viennent d'être indiquées sur ce qui concerne la culture de la vigne, on ne peut espérer d'avoir un vin parfait, si on ne suit encore plus exactement toutes les règles qui constituent l'œnologie, dont voici un abrégé, mais suffisant.

Œnologie.

Pour faire des vins de liqueur, avoir des vins de conserve, il faut que les raisins aient atteint leur entière maturité : c'est ce qu'il est facile de reconnaître quand le grain se détache facilement, que leur jus est doux, gluant, que la grappe devient pendante et sa queue rembrunie.

Ce point est un de ceux que recommande le plus Olivier de Serres, et ce n'est pas sans raison, car on obtient les fameux vins de Chypre, de Candie, de Tokay et de beaucoup d'autres endroits, qu'en laissant dessécher les raisins sur les ceps ; ailleurs on tord la queue de la grappe dès que le raisin est mûr. Il en est même qui les exposent sur des claies au soleil ; c'est en effet ainsi qu'on fait le vin connu sous le nom de *vin de paille*.

Vendanges.

Arrivés à ce point, il faut encore ne les cueillir que parfaitement secs ; s'il y a de l'humidité, des brouillards dans la nuit, attendre que le soleil ou le vent les ait dissipés ou absorbés. Il faut ensuite ne commencer la vendange que quand le beau temps paraît assuré ; pour ne pas en interrompre le travail, avoir assez de vendangeurs pour terminer la cuvée dans un jour, afin d'obtenir une fermentation égale. On ne peut se dissimuler qu'en mettant plusieurs jours à remplir une cuve, on n'obtient que des fermentations imparfaites, puisqu'une portion a déjà fermenté qu'un autre commence à peine. Or, comment le vin qui en résulte pourrait-il être bon sans cette condition ?

Il est de rigueur de ne cueillir que les raisins mûrs parfaitement sains, de rejeter les pourris, de laisser sur la souche ceux qui sont verts, pour les cueillir plus tard. C'est ainsi qu'en cas d'inégalité dans la maturité, on fera 2 ou 3 cuvées séparées, comme dans le Bordelais où on fait depuis deux jusqu'à six triages ; cette opération y est si longue, si minutieuse, que la vendange y dure quelquefois deux mois entiers, quoiqu'en Bourgogne cependant la vendange se termine quelquefois dans huit à dix jours.

Si l'on tient à avoir un vin plus léger, piquant, à bouquet, dans le genre de ceux de Bourgogne, il ne faut pas attendre en Provence que les raisins soient tout-à-fait mûrs, mais les cueillir un peu avant, le vin en sera vert la première année ; pour l'avoir bon, moelleux, bien fondu, il faudra attendre les années suivantes.

Si on le veut mousseux, comme en Champagne, il faut le cueillir avec la rosée, avant le lever du soleil, le porter au pressoir sans secousse et le presser légèrement, puis le mettre en bouteille avant que la fermentation soit achevée dans le tonneau, où on a mis le jus qu'on aura seulement pressé mais non foulé, et sans qu'il y ait ni pellicule, ni grappe. C'est ainsi qu'en Champagne on obtient les vins blancs mousseux, des raisins même les plus noirs, ce n'est que la seconde presse qui est plus serrée qui rend le vin rosé, car on sait que la pellicule seule contient le principe colorant.

En général, le propriétaire qui veut avoir du bon vin, doit renoncer à le mettre en consommation dans la première année, comme on le fait généralement en Provence où une récolte n'attend jamais la suivante ; mais c'est ce que peut difficilement faire un propriétaire peu aisé et encore moins le métayer qui, ayant rarement des avances, ne peut se dispenser de vendre son vin l'année même qu'il l'a récolté, s'il n'en a pas déjà vendu les raisins en nature.

Après avoir ainsi cueilli et choisi les raisins, puisqu'il est des pays où on les trie, pour ainsi dire grain à grain, pour s'assurer qu'il n'y en a pas de gâté, il faut les transporter le plus commodément jusqu'au fouloir, en ayant soin de ne pas trop les écraser, si surtout le trajet est long, parce que la fermentation s'établirait même en route.

Il est encore assez important d'égrapper les raisins comme on le fait dans le Bordelais, quand la saison a favorisé leur maturité et qu'ils sont de bonne qualité, pour que le vin ne fermente pas avec la grappe, laquelle tend toujours à donner à cette liqueur un goût de verdeur et d'âpreté. Ce procédé n'est ni long ni très-coûteux, il consiste à avoir un grand crible en fil de fer ou en cordons bien tendus formant de larges mailles ; on le pose sur le fouloir, l'ouvrier y passe tous les raisins dessus après les avoir foulés aux pieds , et il jette ensuite la grappe restant sur le crible.

Mais si les raisins sont aqueux et doivent produire un vin faible, comme provenant de terrains humides ; ou dans une année pluvieuse , il faut se garder d'égrapper , sans cela , ce vin faible tournerait et aurait même de la peine à fermenter. D'ailleurs , la saveur légèrement âpre de la grappe relève ici la fadeur de cette boisson qui serait insipide.

On aura soin avant de déposer la vendange dans la cuve, de nettoyer et laver celle-ci avec de l'eau chaude en frottant bien partout pour enlever les ordures qui peuvent y être attachées , on la séchera ensuite pour que le séjour de l'humidité n'y imprime aucun mauvais goût. C'est ainsi que cela se pratique dans les pays de vignobles en bonne réputation.

On voit par là combien ces soins , sévèrement observés dans ces pays-là , diffèrent de la légèreté avec laquelle on traite généralement cette partie en Provence , où en général l'on cueille à l'avenant les raisins mûrs ou non , sains ou gâtés, qu'on les jette sans soin dans des cabas ou des cornues laissées souvent en plein champ , où ils passent quelquefois la nuit exposés aux brouillards , pluies , rosées et autres inconvéniens; qu'on les met ensuite dans une cuve, restant plusieurs jours à être remplie et qu'on les y laisse fermenter peu ou long-temps sans règle fixe. Doit-on, avec des modes de travail si différens des pays de bons vignobles, être surpris des résultats si opposés (1) !

Fermentation.

Le but de la fermentation est de décomposer le principe sucré, il faut donc qu'elle soit d'autant plus active ou d'autant plus longue, que ce principe est plus abondant, tout comme, quand ce principe manque, l'y ajouter par des corps sucrés étrangers, tels que sucre, mélasse, miel, etc.

On n'oubliera pas de couvrir les cuves et de les clore légèrement, pour que d'une part il n'y ait pas à craindre un éclat de la cuve par une trop forte résistance, et que de l'autre il ne se fasse pas une trop grande déperdition des gaz, en laissant la masse fermentante exposée librement au contact de l'air atmosphérique; c'est là tout ce qui constitue le procédé de vinification

(1) L'Agriculture ne fera de vrais progrès parmi nous que quand les cultivateurs se rendront compte des motifs qui déterminent les diverses pratiques de leur art, et qu'ils n'agiront pas comme des aveugles routiniers, en disant : nos pères ont toujours fait ainsi; et ne s'imaginant pas qu'on puisse faire mieux.

de Mlle Gervais, qui n'a pas au reste le mérite de l'invention, car de plus anciens œnologues et l'Abbé Rozier entre autres, ont recommandé de couvrir et tenir les cuves closes, le chapiteau ajouté par cette demoiselle brevetée n'étant d'aucune importance pour son procédé. Je ferai remarquer à ce sujet qu'en Provence cette méthode est pratiquée de très-ancienne date, et plus que dans les pays de vignobles renommés.

Les élémens du raisin les plus influens sur la fermentation, les principes doux et sucrés, la fécule, l'eau et le tartre leur manquent rarement en Provence. On y voit la vendange aussitôt dans la cuve commencer à fermenter. Cette fermentation est d'autant plus rapide et complète, que la masse en est considérable, ce qui est très-favorable pour développer l'alkool, recherché dans les vins destinés à passer les mers, comme pour la distillation; mais il en est autrement pour avoir des vins fins qui aient de l'arome; il convient dans ce cas que la vendange soit d'un plus petit volume, pour que la fermentation soit plus lente, plus modérée. Pour cela faire, on aura des cuves d'une petite capacité, soit qu'on les fasse en bois ou en maçonnerie. On doit donner la préférence à celles en bois, comme dans presque tous les pays de bons vignobles. Ce n'est guère que dans le Midi de la France qu'on se sert de cuves de maçonnerie. On les placera dans un local couvert, éloigné des endroits humides et froids pour avoir une température de 12 à 15 degrés centigrades, qui est la plus favorable à une bonne fermentation. Au-dessous, elle s'établit difficilement et trop lentement, au-dessus, elle devient trop tumultueuse. Il convient donc de lui procurer et maintenir cette température par tous les moyens que le propriétaire jugera convenables.

Quand l'année n'aura pas permis d'avoir le raisin à une parfaite maturité, ou que la saison pluvieuse et froide fera craindre que la fermentation ne puisse avoir lieu, ou s'établisse très-difficilement, ce qui ne donnerait qu'un vin faible, susceptible de se décomposer, il faut y suppléer par l'addition d'un principe sucré pour élever le moût à un épaississement convenable, ce à quoi on procède en introduisant dans la cuve du moût bouillant, au moyen d'un entonnoir dont le tuyau plonge jusqu'au fond, puis on agite bien toutes les parties de la vendange pour les mêler et échauffer également sur tous les points: la quantité du moût bouillant à introduire varie de 5 à 15 p^r %, selon l'état de la vendange. On peut encore y introduire de la même manière de la levûre de bière délayée dans du moût bouillant.

On peut enfin y ajouter quelques principes plus sucrés, tels que cassonade, mélasse, miel, comme je l'ai dit plus haut, et dans la proportion suivante:

Sur 100 litres de moût, 1 kil. de cassonnade, ¼ kil. de tartre, en le fesant bouillir dans le moût pour le dissoudre : tous ces moyens tendent à faciliter plus ou moins la fermentation et à corriger le défaut de maturité du raisin. Les anciens y mêlaient aussi des corps résineux ou aromatisés pour ajouter à leurs vins des qualités particulières., De nos jours, il est des contrées où l'on y met la fleur sèche de la vigne, de la framboise, de l'iris. Cet usage n'est point réprouvé par les œnologues, le tout est de le faire avec choix et mesure, et l'on peut en retirer beaucoup d'avantage.

Il est des cas où il convient d'échauffer l'atmosphère des alentours de la cuve. D'autres fois il faut remuer, agiter la vendange de temps en temps, pour rétablir la fermentation qui a cessé ou s'est ralentie. Ce mode sert aussi à la rendre égale sur tous les points.

Dans les circonstances contraires, c'est-à-dire quand on vendangera par un temps chaud, qu'il y aura trop de maturité du raisin, qu'il ne produira qu'un moût trop épais, fermentant difficilement et ne promettant qu'un vin douceâtre, nauséabond, on peut y introduire de l'eau pour délayer ce moût trop épais et le ramener au degré de fluidité convenable, tels que le présentent des raisins mûrs à propos, cueillis par un temps sec. Il est facile de s'assurer à l'aide du gleucomètre ou pèse-moût, que le produit de la vendange a la qualité désirable.

Si en plongeant cet instrument dans le moût il marque 11 à 12 degrés, il est tel qu'il faut pour une bonne fermentation; s'il marque au-dessous, c'est qu'il est trop aqueux; il faut alors l'élever à 11 à 12 degrés par une addition de moût concentré au feu ou tout autre principe sucré; s'il marque au-dessus, il faut le réduire au point voulu par une addition d'eau. Dans le cas enfin où une température trop élevée dans le cellier menace d'une fermentation trop énergique, trop tumultueuse, on découvre la masse fermentante pour la laisser communiquer librement à l'air atmosphérique. On fait ainsi évaporer le gaz pour prévenir une explosion et modifier l'ardeur qu'une trop grande quantité d'alkool provoque (1).

(1) Si la cuve est trop pleine et que la fermentation, en augmentant son volume, menace de faire verser le vin, il faut enlever du liquide, qu'on met dans des tonneaux, où on le laisse achever sa fermentation; le vin qui en résultera sera d'une couleur rosée et d'un piquant fort agréable.

La fermentation commence dès qu'il paraît à la surface du moût des petites bulles disparaissant aussitôt, semblables à l'effet d'une ébullition. Ces bulles se reproduisent ensuite avec rapidité, la chaleur augmente considérablement, ainsi que le volume de la vendange. Alors cette masse, développant les gaz qui s'y forment, dégage l'acide carbonique qui tient l'alkool en dissolution et répand autour de la cuve une atmosphère dangereuse à respirer. Enfin la liqueur se colorant de plus en plus, aussitôt que les symptômes précités diminuent, le volume de la vendange reste dans son premier état, le vin s'éclaircit et la fermentation qui s'est prolongée plus ou moins de temps, selon qu'elle a été plus ou moins énergique, se trouve ainsi presque terminée; c'est là le vrai moment de décuver. Ce serait donc une erreur grossière que de vouloir assigner à la fermentation une durée constamment fixe, puisqu'elle dépend de la saison, de la température atmosphérique, de la nature du raisin et de bien d'autres circonstances. C'est encore en ce point le cas de rejeter toute méthode générale, pour ne s'en tenir qu'aux principes commandés par ces circonstances mêmes et par la qualité de vin qu'on désire obtenir, puisqu'on verra quelquefois une fermentation se prolonger jusqu'à 12 et 15 jours, comme dans le Bordelais où on laisse se terminer la fermentation, car on n'y décuve que lorsque la chaleur est tombée ; tandis qu'en d'autres lieux, en d'autres temps, moins de 24 heures suffisent, comme en Bourgogne où les vins légers, appelés vins de primeur, ne peuvent supporter la cuve que 6 à 12 heures.

Ainsi, on laissera cuver le moût bien moins long-temps dans les cas suivans : d'abord si l'on n'a pas égrappé les raisins, si le moût est peu sucré, ensuite si l'on veut un vin moins coloré, si on le veut agréablement parfumé, et surtout si on voulait l'avoir mousseux ; dans ce dernier cas, on doit le décuver avant que la fermentation soit terminée, pour y retenir le gaz acide carbonique qui tend à s'en dégager. Enfin, on doit le laisser d'autant moins cuver que la température sera chaude et la masse de la vendange plus volumineuse ; la vivacité de la fermentation suppléant ici à sa longueur.

La fermentation devra durer au contraire plus long-temps, quand on désirera le vin plus coloré, quand le moût sera plus épais et riche en principe sucré, qu'on aura égrappé les raisins, quand la température aura été plus froide au moment de la vendange, enfin, quand on le desti nera à la distillation, devant, dans ce cas, viser principalement à la formation de l'alkool.

Telles sont les diverses considérations que doit peser un vigneron sur la durée de la fermentation, pendant laquelle il doit la suivre de près; il visitera tous les jours sa cuvée pour en suivre la marche ; il ne la décuvera qu'au moment convenable, sans le dévancer ni renvoyer plus loin. Ce point bien observé ne contribuera pas peu à la bonne qualité de son vin.

Voyons maintenant à le faire passer dans les tonneaux, ainsi que les précautions à prendre à cette fin.

Préparation des Tonneaux.

On doit toujours aux approches de la vendange préparer les tonneaux destinés à en recevoir les produits. Les grands tonneaux appelés foudres sont préférables aux petits. Les vins dans une grande masse, y offrent moins de surface à l'impression de l'air et s'y conservent mieux en quantité comme en qualité.

Le bois de chêne est celui que l'on doit préférer à tous les autres pour la construction des tonneaux. Comme moins poreux, il occasionne moins de déchet ; il est aussi moins susceptible que bien d'autres bois de donner du mauvais goût au vin, puisqu'au contraire l'opinion de beaucoup d'œnologistes est qu'il améliore le vin.

Il y a une bonne méthode à observer si l'on garde toujours les mêmes tonneaux, c'est de les revêtir extérieurement, pour leur conservation, de plusieurs couches de peintures à l'huile, mêlées avec du goudron ou autres corps résineux. On peut ainsi les laver plus soigneusement, les tenir toujours propres. Le vin ne peut que gagner à cette méthode, et les tonneaux en dureront plus long-temps.

Si l'on emploie des tonneaux neufs, il convient de leur enlever le goût particulier au bois, en y passant plusieurs fois de l'eau bouillante, chargée de sel, que l'on agite fortement. On l'y laisse séjourner assez long-temps pour qu'elle en pénètre le tissu, on les fait égoutter, et l'on y passe ensuite ou du moût, ou du vin chaud qu'on agite de nouveau en tous sens, pour en imprégner toutes les parois des tonneaux.

Si les tonneaux sont vieux ou ont servi, on les défonce, et à l'aide d'un racloir en fer ou autre instrument tranchant, on enlève soigneusement tout le tartre dont ils sont tapissés; on les lave ensuite avec de l'eau bouillante, puis avec du vin chaud. Le tartre laissé dans les tonneaux y forme des cavités qui, déterminant souvent une fermentation acéteuse, font dégénérer le vin en vinaigre (1). Quelques personnes aussi y versent une décoction de sucs aromatiques: ce qui ne peut pas nuire, car en purifiant le tonneau, cette composition ajoute quelquefois un parfum agréable au vin.

Si les tonneaux avaient contracté quelque mauvais goût antérieurement, toutes ces précautions pourraient ne les en affranchir qu'en apparence; il serait plus prudent de s'en défaire, plutôt que de s'exposer à voir gâter son vin. Ces tonneaux ainsi préparés seront placés sur des pierres ou des billots de bois assez élevés pour les garantir de l'humidité du sol et pouvoir les vider avec facilité. Les pierres seront préférées au bois, comme moins susceptibles de recevoir et transmettre l'humidité aux tonneaux.

C'est dans cet état qu'on peut y déposer le vin, dès qu'on juge qu'il a suffisamment cuvé, en ayant soin que le réservoir qui reçoit le vin de la

---

(1) Bien des propriétaires, s'imaginant que le tartre attaché aux tonneaux conserve le vin, se gardent bien d'y toucher, non plus qu'à la lie, qui sert, disent-ils, de nourriture au vin. Il est étonnant qu'ils ne reviennent pas de leurs erreurs avec la perte de leur vin, qui se détériore le plus souvent par cette seule cause, sans qu'ils cherchent à s'en rendre compte.

cuve, comme les vases destinés à le porter, l'entonnoir, ainsi que tous les autres instrumens dont on se sert pour ce travail, soient bien propres ; le moindre corps étranger susceptible de décomposition, introduit dans un tonneau, pouvant gâter son contenu.

Lorsqu'au moyen de tuyaux en fer-blanc ou en cuir, pour ne pas l'exposer à l'air libre, on a fait passer le vin de la cuve dans les tonneaux, il en reste encore dans le marc, qu'on retire à l'aide des pressoirs. Il vaut beaucoup mieux séparer ce vin, qui ne donne qu'une qualité inférieure, que de le mêler avec l'autre; mais dans tous les cas, on devra presser séparément le dessus du marc appelé le chapeau, qui donnera un bon vinaigre. Cette partie ayant été en contact avec l'air atmosphérique, contracte toujours une acidité qui nuirait à la masse du vin auquel on la mêlerait.

Fermentation dans les Tonneaux.

Le vin ainsi déposé dans les tonneaux y éprouve pendant long-temps encore une légère et douce fermentation qu'on peut dire insensible, l'acide carbonique tendant toujours à s'en dégager, forme une écume qui fuit par le bondon et diminue la masse du liquide. C'est pourquoi il faut avoir soin pour en faciliter l'issue et ne pas laisser une trop grande surface du vin exposée à l'air, il faut, dis-je, avoir soin d'ouiller les tonneaux, avec le meilleur vin, matin et soir les huit premiers jours, et tous les matins pendant les trois semaines suivantes; tous les quatre à cinq jours pendant le second mois, et seulement une fois par semaine ensuite, jusqu'à ce qu'on le soutire; c'est ainsi qu'on le pratique pour les vins de l'Hermitage, et dans beaucoup de pays de bons vignobles. Il n'est pas besoin jusques-là de bien boucher le tonneau, il suffit de couvrir le bondon d'un morceau de tuile ou autre objet semblable, pour que l'écume ait la facilité de sortir, sans qu'il puisse s'y introduire aucun corps étranger.

Dans le Bordelais, on ne commence à ouiller que huit à dix jours après que le vin est dans les tonneaux. Dans le mois qui suit, on les bouche légèrement, et on ouille toutes les semaines; ce n'est que peu à peu qu'on les bouche avec force, pour ne pas courir de risques. Enfin, en mars, on le transvase pour le soutirer au clair.

On y soutire les vins blancs en novembre, puis on les soufre, ceux-ci exigeant sous ce rapport un traitement différent des rouges.

En Bourgogne l'ouillage s'y fait tout aussi soigneusement, et on bouche le tonneau dès que la fermentation s'est ralentie. On fait alors avec une vrille un trou près du bondon ; on le ferme avec une cheville en bois, et de temps à autre on le débouche pour laisser sortir le gaz qu'une fermentation insensible développe. On a l'usage dans ce pays de couvrir entièrement le bouchon de la bonde avec du sable fin, pour mieux empêcher toute communication avec l'air extérieur.

On opère différemment en Champagne ; on n'y laisse fermenter les vins gris qu'une dizaine de jours dans les tonneaux ; alors on les bouche bien et on n'y laisse qu'un petit trou au-dessus, appelé broqueleur ; huit à dix jours après on le ferme avec une cheville en bois, qu'on enlève tous les huit jours pour ouiller par là pendant vingt-cinq jours. On n'ouille ensuite que tous les quinze jours pendant un ou deux mois, et enfin tous les deux mois aussi long-temps qu'on garde le vin en tonneau.

Si on destine les vins à être mousseux, on doit les mettre en bouteilles avant que la fermentation soit achevée, c'est-à-dire, jusqu'en avril ou mai. Plus on est près de la vendange, mieux ils moussent.

Soutirage.

En général, lorsque la fermentation paraît

finie, le liquide tranquille, le vin est fait et, se dépouillant lui-même de tout ce qui n'y est pas en dissolution, dépose au fond du tonneau tout le tartre et la lie qui y sont en excès. Ce dépôt est susceptible de se mêler au vin par la moindre agitation ou changement de température, surtout aux époques où la vigne entre en sève, où elle fleurit, où le raisin approche de sa maturité; c'est souvent ce qui fait tourner le vin, ou bien provoquant une fermentation acéteuse, le change en vinaigre. On prévient ces graves inconvéniens, en transvasant le vin au moins deux fois l'an de toute rigueur, car beaucoup d'œnologues recommandent de le faire plus souvent, pour séparer avec soin toute la lie déposée dans les tonneaux.

Les anciens le pratiquaient ainsi, selon Pline et Aristote : « *Quoniàm superveniente æstatis* « *colore solent fœces subverti, ac ità vina acescere.* »

En général il ne faut transvaser le vin que lorsqu'il est bien fait ; on le loge dans des tonneaux toujours très-propres, où l'on a fait préalablement brûler un peu d'alkool dedans pour le sécher.

Il est des quartiers, pendant certaines années surtout, qui donnent des vins verts et durs ; il n'est pas mal de ne transvaser ceux-ci que fort tard, vers mai ou juin, en laissant passer la seconde fermentation sur la lie. Mais la règle ordinaire pour les vins de nos contrées, qui sont généralement doux et assez fondus de bonne heure, est de les transvaser d'abord en février, puis la seconde fois en août, avant la maturité des raisins, comme Baccius le recommande fort bien pour les vins généreux; il faut ne le faire surtout que par un temps sec, vif, où règnent les vents du Nord; c'est dans ces cas que le vin est le mieux disposé (1). On se gardera bien d'y toucher pendant les grands vents du Midi, des temps pluvieux ou humides, qui rendent le vin trouble en faisant remonter la lie dans le tonneau. Il faut éviter en le transvasant de l'exposer à l'air le moins possible. On se servira à cet effet de syphons, de tuyaux, ou boyaux en cuir, tissus en fil, etc., plongeant jusque près du fond des tonneaux, pour ne pas agiter le vin en tombant, en ayant bien soin de ne pas toucher au fond du tonneau qu'on veut transvaser, pour ne pas agiter la lie (2). Quand on s'avance

(1) La plupart des cultivateurs au contraire, ici, ne décuvent leur vin, ou n'y touchent dans leurs caves, que quand il pleut; ne pouvant travailler dans les champs, ils utilisent leur temps, disent-ils, ne considérant pas que ce travail leur coûte plus cher par son fâcheux résultat, que s'ils restaient oisifs.

(2) Si le syphon ne porte pas au bout de la branche qu'on plonge dans le tonneau un morceau de la matière dont il est composé, long de deux à trois pouces, on a soin d'y fixer une

de la fin du tonneau, il faut surveiller de ne tirer que du vin clair. Dès qu'on s'aperçoit qu'il est trouble, on le met de côté, on le laisse reposer dans un baril pour le clarifier en particulier et s'en servir ainsi, ou pour le faire aigrir ; mais on se gardera bien de le mêler avec le vin transvasé et bien clair.

Chaque pays de vignobles a ses usages pour soutirer le vin à des époques déterminées.

Dans le Bordelais, on fait le premier soutirage en mars ou avril, puis on le fouette avec des blancs d'œufs, et on le soutire encore quinze jours après. Le second soutirage a lieu en août de la même manière, et ainsi de même toutes les années, autant de temps qu'on le garde en tonneau.

A l'Hermitage, ce sont les mêmes époques, ainsi qu'en Bourgogne, à quinze ou vingt jours près, suivant les temps qui règnent.

En Champagne, on soutire d'abord dès la mi-octobre, et puis à la fin de mars, époque où la fermentation insensible n'est pas encore terminée pour avoir des vins mousseux.

---

baguette de cette longueur, pour que l'ouverture de cette branche ne touche pas au fond du tonneau ; sans cela on tirerait la lie avec le vin, et l'on manquerait le but qu'on se propose.

On se sert plus ordinairement encore, pour transvaser les grands tonneaux surtout, de robinets placés à deux ou trois pouces au-dessus du jable du fond.

Après avoir vidé un tonneau, on le lave soigneusement, soit en y faisant entrer un homme ou un enfant qui frotte partout avec un balai, soit en y faisant rouler des grosses chaînes de fer en tous sens, pendant long-temps; en y passant enfin plusieurs eaux pour qu'il ne reste rien dans le tonneau, qu'il soit parfaitement propre et sec quand on y remettra le vin transvasé.

Soufrage.

Quelques personnes ont l'habitude de soufrer les tonneaux avant d'y remettre le vin transvasé. Cet usage n'est ni vicieux ni indispensable; il offre à la vérité l'avantage de prévenir la dégénération acéteuse, en chassant l'air atmosphérique qui pourrait la provoquer, et en séchant parfaitement le tonneau. Cette opération toutefois doit se faire avec précaution, car si on y introduit trop de gaz sulfureux, le vin peut en contracter le goût, qui n'a rien d'agréable; ceci arrive, si au lieu de se contenter d'une mèche soufrée, on y en brûle plusieurs, quelques personnes faisant tout par excès. On suspend ordinairement ces mèches à un fil de fer, puis on bouche le tonneau pendant qu'elles brûlent. Aussi, pour prévenir l'inconvénient des mèches soufrées, recommanderai-je l'usage des mèches trempées dans de l'alkool seulement, ou aromatisé avec de la cannelle, du girofle, gingembre ou autres parfums, à raison d'un demi-verre par tonneau de 225 litres, ce qu'on appelle bordelaises; l'air atmosphérique est tout aussi bien déplacé par ce procédé qui ne peut laisser aucun mauvais goût au vin, et le tonneau se sèche parfaitement. On doit observer toutefois, pendant cette opération, de ne boucher que très-légèrement le tonneau pour prévenir une explosion. Aussitôt qu'on l'a terminée, on remet dans ce tonneau le vin transvasé, en le faisant très-proprement, sans contact avec l'air atmosphérique autant que possible. On préviendra par là tout mouvement de fermentation, auquel le vin est principalement sujet pendant que la vigne entre en végétation, lorsqu'elle est en fleur, et quand le raisin se colore : époques pendant lesquelles il faut particulièrement surveiller le vin pour empêcher sa détérioration.

Premier Collage.

Voyons maintenant ce qu'il faut faire pour le collage ou clarification des vins : opération qui précipite tous les principes faiblement dissous, ou suspendus dans ce liquide.

Presque dans tous les pays de vignobles on se sert de la colle de poisson pour clarifier les vins.

Mais outre les préparatifs, les soins que cette drogue assez coûteuse et souvent fraudée exige pour son emploi, elle peut dans nos climats entraîner des inconvéniens qui doivent lui faire refuser la préférence.

Comme soumise à des préparatifs simples (il ne s'agit que de la délayer dans l'eau tiède) et très-efficace d'ailleurs par elle-même, il vaudrait mieux employer la gélatine d'office de Darcet, connue dans le commerce sous le nom de Gélatine à clarifier les vins ; une ou deux tablettes suffisent pour un tonneau de 2 à 300 bouteilles. Mais il existe des procédés plus simples, à la portée de chacun et qui n'offrent pas d'inconvénient. Je ne citerai que les principaux, qui consistent à se servir de la gomme en poudre délayée dans l'eau tiède, qu'on verse dans les tonneaux, ou bien de blancs d'œufs à la manière suivante :

Pour une pièce de vin de 2 à 300 bouteilles, on met avec 3 ou 4 litres de vin dans un baquet huit ou dix blancs d'œufs frais avec leurs coques. (Quelques personnes y ajoutent une petite poignée de sel). On bat bien le tout avec des verges ; on le verse dans le tonneau, sur la surface du vin autant que possible ; on a soin de fouetter le vin dans le tonneau avec un instrument en forme de longue spatule, pour que la colle qu'on y introduit, s'y mêlant bien et formant comme un réseau, entraîne avec elle tous les principes en suspens dans le liquide.

Quand ce dépôt est fait, au bout de huit à dix jours, selon que le temps sera plus ou moins vif, on soutire de nouveau le vin, soit qu'on le mette en bouteille, soit qu'on veuille le laisser vieillir davantage dans les tonneaux. Mais qu'on n'oublie pas surtout de ne faire ce soutirage que par un temps vif et sec.

C'est ce dernier procédé aux œufs qui est le plus généralement employé dans le Bordelais, le Lyonnais, le Maconnais, et dans l'Espagne surtout.

Je m'abstiendrai de citer une infinité d'autres moyens employés encore à cette fin, à l'aide du riz, du lait, de l'amidon, des copeaux de sapin, de hêtre, etc., etc.

Le vin blanc se colle, dans le Bordelais surtout, ou avec la colle de poisson, ou avec du lait.

Le vin bien fait, propre, ainsi soigné, logé dans une bonne cave, s'y conservera long-temps, gagnera plus de qualité en tonneaux qu'en bouteilles, pendant les trois à quatre premières années, en observant toujours de les ouiller au moins une fois tous les mois après le premier soutirage, et de les boucher parfaitement.

On le soutirera de nouveau les années suivantes, vers mars et septembre, pour en extraire le dépôt qu'il aura fait et en prenant les mêmes précautions indiquées plus haut (1).

Deuxième Collage.

Enfin quand on se décidera à le mettre en bouteille, on le collera une deuxième fois, par le même procédé.

Cette opération décolorant toujours un peu le vin, on se contentera de le faire une seule fois, si l'on tient à conserver sa couleur. Il est cependant des personnes qui collent leurs vins trois à

---

(1) On ne voit pas dans le commerce, en Provence, comme dans les pays de bon vin, des vins de deux, trois, quatre feuilles, puisqu'il est d'usage de le mettre en consommation dans l'année même qu'on l'a récolté. Cependant, outre que le vin nouveau est dur et désagréable, c'est qu'il est même dangereux d'en boire beaucoup pendant les quatre à cinq premiers mois qu'il fermente encore insensiblement et qu'il tient en dissolution tout le tartre dont il ne se dépouille que plus tard.

Il se passe même peu d'années où l'on ne voie l'exemple de quelque personne morte par la boisson de vin nouveau, dans les pays, il est vrai, où l'on boit plus qu'en Provence et où le vin est plus long à se dépouiller. Mais bien des personnes, sans en mourir, parce qu'elles ne font qu'un usage très-modéré du vin, n'éprouvent pas moins, du vin nouveau, des indispositions plus ou moins graves, telles que colliques, dissenterie, flatuosités, céphalalgies, gastrites, etc., par le désordre que ce vin encore en fermentation occasionne chez elles.

quatre fois pour les rendre plus légers, plus agréables.

C'est en observant toutes ces précautions, qu'on pourra faire voyager nos vins, par terre, par mer, dans tous les climats, sous toutes les températures, sans craindre leur décomposition.

C'est par là qu'ils acquerront une réputation qui les fera rechercher plus volontiers des étrangers, et nous en fera par la suite, à mesure qu'on les appréciera, obtenir un plus haut prix que ce qu'on les a payés jusqu'ici. C'est par ce moyen enfin que la Provence multipliera sa richesse agricole.

Caves.

Une recommandation importante qu'il convient de faire encore ici, est celle des caves dont la construction et la position ne sont pas indifférentes pour la conservation des vins, comme pour leur amélioration.

La plupart de celles construites en Provence, et notamment à Aix, ont des défauts majeurs que je dois signaler. Parmi eux je mets au premier rang leur contact ou voisinage des cuves, lesquelles pendant le temps de leur fermentation, la font participer au vin qui s'y trouve, par la chaleur qu'elle leur communique; chaleur que la cave conserve même pendant long-temps après cette fermentation finie. J'ajouterai qu'elles sont situées presque sous les rues, ou très-près du moins. Que le roulis des charrettes et voitures expose le vin à se recombiner avec la lie et hâte sa décomposition.

Je dirai enfin que la plupart n'étant point ou mal-aérées, sont trop humides, quand d'autres sont trop chaudes, parce qu'on ne fait pas cas des circonstances qui peuvent la tenir dans la température convenable.

On ne peut nier que l'air atmosphérique n'agisse sur les vins dans les tonneaux, puisque par un vent du Nord cette liqueur est claire, tandis qu'elle perd sa transparence par le vent du Midi ; de même que les chaleurs déterminent une fermentation acéteuse, les gelées nuisent également au vin. Or, c'est pour le soustraire autant que possible à cette influence, qu'on a imaginé de le loger dans des caves souterraines, bien fermées, pour y avoir toujours la température la moins variable.

Ainsi, pour atteindre ce but, on doit construire les caves voûtées, à quelques mètres sous terre, au Nord, ou tout au plus à l'Est, mais jamais au Midi, ni au Couchant, où la température varie davantage. On la fera à une profondeur plus ou moins grande, suivant la position et la nature du terrain, si elle est dans une plaine ou sur une colline, dans des rochers ou de la terre légère.

Il suffit enfin qu'on parvienne à y avoir dans toutes les saisons une température de 12 degrés centigrades, qui est la seule température la plus convenable pour maintenir cette fermentation insensible nécessaire à la bonté du vin; fermentation qui est altérée par l'impression du chaud ou du froid. C'est à cet effet qu'on établira l'entrée de la cave au Nord et jamais au Midi, dans l'intérieur de la maison et non extérieurement. Qu'enfin elle sera garnie de deux portes, l'une au haut de l'escalier, l'autre au bas, pour donner moins d'accès à l'air extérieur.

On y pratiquera des petits soupiraux, partant du sol de la cave et non pas de sa voûte, parce que l'acide carbonique, plus lourd que l'air atmosphérique, n'en sera point chassé, si ces soupiraux n'arrivent pas jusques en bas. Ces soupiraux tendent à diminuer l'humidité qu'il y a toujours dans les profondeurs souterraines, et à renouveler l'air qui s'y vicierait à la longue. Mais on ferme ou l'on ouvre partie ou totalité de ces soupiraux, selon la température de l'atmosphère extérieure, pour maintenir celle de la cave aux 12 degrés exigés ; sans cette précaution on verrait l'air de la cave se mettre en équilibre avec celui extérieur : ce qui dans beaucoup de cas nuirait au vin.

Il convient surtout, autant que possible, de garantir la cave de l'humidité, parce qu'elle moisit ou pourrit les tonneaux, qui à leur tour communiquent ce goût au vin. C'est donc en prenant toutes les précautions convenables dans la construction et l'entretien d'une cave, qu'on prévient cet inconvénient ; car une cave modérément sèche, à une température constante de 12 degrés centigrades, est une cave par excellence. On peut alors la tenir toujours propre, ainsi que tous les instrumens nécessaires à la manutention des vins : instrumens qu'on y loge ordinairement et qu'il faut conserver sains, ce qui n'est guère possible si elle est trop humide.

On éloignera aussi les caves des rues, des chemins, et de tout atelier sujet à de grandes percussions, ce qui, comme je l'ai dit, tend à mêler constamment la lie au vin, et lui nuit considérablement. On l'éloignera enfin des égouts, des latrines et de toutes matières susceptibles de fermentation.

Après avoir laissé le vin plus ou moins de temps en tonneau, quand on voudra le mettre en bouteille, soit pour le livrer à la consommation, soit pour l'y laisser vieillir encore, on aura soin de le coller à peu près huit jours d'avance, de la manière indiquée précédemment, de bien laver, bien faire égoutter les bouteilles et de les remplir à l'aide d'un robinet, qu'avant d'y mettre la colle on a placé au bas du tonneau, à 2 pouces à peu près de son jable, pour ne pas entraîner la lie qui y est déposée au fond. On bouche soigneusement ces bouteilles avec du liége fin, à coup de maillets, puis on trempe leur goulot dans un mélange de résine et de suif, ou de poix et de cire fondus qu'on colore si l'on veut.

Enfin, on les couche par rang dans les caves ou cellier pour que le bouchon ne se dessèche pas, et que l'air n'y ait pas d'accès.

Ici se terminent les principales et suffisantes règles à observer pour obtenir, à l'avenir, des bons vins en Provence, comme pour améliorer ceux qu'on y récolte ordinairement (1).

---

(1) Il est beaucoup de propriétaires qui, préférant la quantité à la qualité, ne voudront pas donner plus de soins qu'ils ne le font à leurs vignes. Persuadés d'avance que leur vin ne peut être bon, déjà ils lui ont assigné son emploi ; s'il est désagréable à boire, ou s'ils ne peuvent le conserver, comme il leur arrive presque toujours, ils le destinent à la distillation ; c'est un genre

Le meilleur moyen pour parvenir à les faire mettre à profit est de les répandre par une grande publicité. Ensuite on verra les propriétaires et agriculteurs éclairés sur leurs vrais intérêts, essayer de les mettre successivement en pratique : et quand ils seront bien pénétrés, soit par leurs propres essais, soit par l'exemple de leurs voisins, de tout l'avantage qu'ils y trouveront, ils finiront tôt ou tard par les adopter exclusivement. C'est ainsi qu'on verra par la suite la Provence, peu connue pour avoir de bons vins, figurer au contraire honorablement parmi les contrées qui produisent les meilleures qualités de vin ; ce qui ne pourra manquer d'accroître sensiblement sa richesse agricole.

---

de spéculation qu'on peut d'autant moins contester, qu'ils se croyent suffisamment dédommagés par une plus grande quantité, que peut-être même la nature du sol ou l'exposition se refusent à donner une bonne qualité.

Je conviens aussi qu'on ne peut pas avoir que du vin fin, dont la consommation, au reste, a des bornes ; il faut de vin pour la masse de la population, qui en consomme le plus et ne peut pas y mettre un haut prix ; il en faut aussi pour être converti en eau-de-vie et alkool, dont la consommation est immense. L'on peut donc affecter à ces qualités de vin tous les terrains à toutes expositions, excepté toutefois ceux qui seraient trop humides et plus propres aux prairies : auquel cas ces dernières seraient plus avantageuses, et le vin que fournirait la vigne dans un semblable terrrain ne pouvant être bon à grand chose.

Ce ne sera cependant qu'à quelques soins de plus que nous devrons cette heureuse métamorphose, le climat et la position topographique de la Provence nous offrant des avantages que les autres contrées ne rachètent qu'à force de travail et d'industrie, comme à grand prix d'argent.

ERRATA.

Pag. 53, avant-dernière ligne, *lisez* collage *au lieu de* coulage.
Pag. 68, ligne 16, *lisez* sucs infectes *au lieu de* infectés.
Pag. 81, ligne 12, *lisez* 11 ou 12 degrés *au lieu de* 11 à 12 degrés
Pag. 91, ligne 11, *lisez* les temps pluvieux *au lieu de* des temps.
Pag. 94, ligne 4, *lisez* bordelaise *au lieu de* bordelaises.
Pag. 103, ligne 11, *lisez* du bon vin *au lieu de* de bons vins.

www.ingramcontent.com/pod-product-compliance
Lightning Source LLC
Chambersburg PA
CBHW071450200326
41519CB00019B/5695
9782019598174